爱犬系列丛书
Love dog series
短尾巴的巨型玩具狗
Old English Sheepdog
林莉等 编著
英国古代牧羊犬
中国农业出版社

前言

英国古代牧羊犬兼具英国人与生俱来的绅士风度与法国人浑然天成的优雅仪态，大概是大型长毛狗中最可爱的品种之一。一身由白色和灰色组成的蓬松长发从头到脚柔柔亮亮地披覆在身躯上，只露出一个黑黑的鼻头，毛长得连眼睛都看不见了。因为这个，它们走路经常会撞到柱子、桌子腿什么的，滑稽可笑。好奇的人见到它们，总想有扒开它们脸上的毛，想看看它们眼睛长得什么样子。而当你掀开它们脸上的长毛看见那诚挚双眼的同时，仿佛也进入了英国古代牧羊犬心中那片温暖的世界。

在“长毛面纱”遮盖下的英国古代牧羊犬，有着友善的性情和卓越的工作能力。古牧属于畜牧犬种，一度曾是不可或缺的牧羊犬，是牧羊人的得力助手，丝毫没有因为自己可爱的样子而比其他牧羊犬表现得差。对它们稍加训练，它们也能成为出色的捡物犬和雪橇犬。它们尤其喜欢孩子，是陪伴孩子成长的最好犬种之一。总体来说，它是一种接近完美的犬种！

Contents
目　　录

短尾巴的巨型玩具狗

前言

①欣赏　1

英国古代牧羊犬的历史　2

英国古代牧羊犬的性格和特点　4

英国古代牧羊犬的品种标准　7

你适合养古牧吗？　13

你居住的环境适合养狗吗？　13

你的性格适合养狗吗？　14

确认你有爱心照顾一只小狗狗　14

确认你有耐心照顾一只小狗狗　15

你有足够的时间和精力吗？　15

你的家人都和你一样爱狗吗？　16

适养人群　16

你有经济能力养狗吗？　17

英国古代牧羊犬与特殊人群　18

狗狗和准妈妈　19

狗狗和宝宝　20

狗狗和儿童　20

狗狗和老人　21

狗狗和过敏者　22

选择属于自己的英国古代牧羊犬 23
英国古代牧羊犬的选购 24
如何挑选健康的幼犬 25
幼犬到家前的准备工作 26

②喂养 27
幼犬的喂养 28
我家的古牧宝宝出生了 28
狗宝宝在哺乳期 29
古牧宝宝断奶了 31
幼犬的管理 33
古牧宝宝的免疫程序 33
古牧宝宝的牙齿问题 34
狗狗的最初社会关系建立 35
幼犬的疯长期 38
成年英国古代牧羊犬的喂养管理 39
成年狗狗的饮食 39
狗狗的适量运动 41
狗狗参与的出游计划 42
古牧发情期的护理 44

孕期母犬的喂养管理 46
科学喂养怀孕的古牧 46
为生产做足准备 47
哺乳期母犬的喂养管理 48
古牧分娩时的照顾 48
哺乳期间古牧母犬的护理 50
老年犬的喂养管理 51
老年犬的饮食 51
如何保证老年古牧的健康 53

③美容 55
英国古代牧羊犬的日常毛发保护 56
保证毛发健康的日常梳理 56
梳理方法及顺序 58
如何为古牧犬解“结” 60
如何避免“静电”的困扰 61
身体各部位的日常护理 63
英国古代牧羊犬的眼部护理 63
英国古代牧羊犬牙齿的护理 64
耳朵的日常养护 66
剪趾甲和修剪脚底毛 67
不容忽视的肛门腺清理 69
英国古代牧羊犬的洗澡 70
日常洗澡需要准备的用品 70
完美洗澡全过程 72

④训练 75

家庭规则的建立 76
训练中主人要把握的原则 76
做古牧的领导者，树立主人的形象 77
正确地奖励和惩罚爱犬 78
排便的训练 80
服从训练 81
坐下的训练 81
趴下和等待的训练 82
过来和随行的训练 84
错误行为的纠正 85
扑人 85
偷吃和捡食 86
咬手指 87
独自在家搞破坏 88

⑤健康与疾病预防 89

英国古代牧羊犬的健康指标 90
健康古牧的各项身体标准 90
异常举动是疾病的前兆 91
发热 91
有眼屎 91
流鼻涕 91
口水增多 92
呼吸困难 93
咳嗽 93
呕吐 94
腹泻 94
厌食 95
异食 95
绝食 95
便秘 96
尿液变化 97
幼年古牧的易患疾病 98
犬瘟热 98
犬细小病毒病 100
钩虫病 101
蛔虫病 101
成年古牧的易患疾病 103
皮肤病 103
角膜炎 103

股关节发育不全（HD症） 104
肥胖 105
脱毛 106
老年古牧的易患疾病 108
肿瘤 108
心脏病 109
白内障 109
慢性肾炎 109
古牧意外事故处理方法 111
古牧专用的急救箱 111
骨折 111

大出血 112
窒息 112
中暑 112
休克 113
中毒 114
烧伤和烫伤 115
触电 115
抽筋 115
晕车 116
昆虫叮咬 116
古牧病后恢复期的护理 117
怎样看护生病的古牧 117
对各种特定病症的看护 118

Old English Sheepdog

Enjoy

1 欣赏

英国古代牧羊犬的历史

跟其他品种的犬相比较，英国古代牧羊犬的“古代”其实名不副实。古牧并不是古老的犬种。大量证据表明，它们的历史就可以追溯到19世纪早期或150年前。1771年根兹伯罗（Gainsborough）出版的布奇洛（Buccleuch）公爵的雕版画里，贵族手中抱着的犬就很近似现今的古代英国牧羊犬，这是已知的关于本品种的最早记录。

关于英国古代牧羊犬的血统来源，有许多基于假设的不同观点。最可靠的说法是英国西部德文郡、萨默赛特郡与康沃尔公国首先改良得到本品种的。也有人认为它们与大型贵宾犬（Barbone）、猎鹿犬（Deerhound）有所关联；另一些人说它们其实是由伯瑞犬（Briard）和贝加马斯卡犬（Bergamasco）所交配改良而成；还有些人则认为一种名为“wtchar”的俄国长毛犬，从巴尔的克漂洋过海来到英国，经过培育之后便成为现代人所知的英国古代牧羊犬了。

OLD ENGLISH SHEEPDOG

英国西部农村为了赶家畜到市场，农夫们便饲养机敏的牧牛、牧羊犬种。19世纪时，英国古代牧羊犬广为农业地区使用，主要用在买卖家畜的市场上追赶牛羊，所以被称为“家畜商人的狗”。由于早期饲养牧羊犬可以免缴税金，为了表示此犬的用途，饲主们纷纷采取为它们断尾的方式，让它们更符合牧羊犬的要求。因为断尾可以让古牧在追赶牛羊时避免过长的尾巴影响其工作能力。由于完全断尾，古牧又被称为“断尾犬”。事实上，本品种中的少数生下来就无尾，或有相对较短的尾巴。

1873年，英国古代牧羊犬首次在英国展示会上公开亮相。

1904年，W.A .Tilley在美国建立了英国古代牧羊犬俱乐部。

1905年得到了AKC正式认可。

最近因古牧在商业场合的频繁露面，从美国迪斯尼电影到多乐士墙面漆广告，我们都能找到古牧的翩翩身影，它已经成为名满天下的动物明星。不仅如此，这个聪明、可爱、从不喧闹的和平主义者也是人类最好的伴侣犬之一。

英国古代牧羊犬的性格和特点

当你在考虑是否选择一只英国古代牧羊犬作为自己家庭的一份子时，是否想了解一下古牧到底是怎样一种狗狗，它的性格如何，都有些什么特点，是不是适合自己以及家人呢？

独具风格

一支拖把、一块地毯、一团抹布——把这些东西放到一起，就可以拼凑出一只可爱的古牧了。这种在19世纪在市集赶牛羊、没有尾巴的狗，有着洪亮的叫声和昂然阔步的姿态，玩闹起来就像只大熊。古牧大概是大型长毛狗中最可爱的品种之一，一身由白色和灰色组成的蓬松长发从头到脚柔柔亮亮地披覆在身躯上，只露出一个黑黑的鼻头，毛长得连眼睛都看不见了。因为这个，它们走路时经常会撞到柱子、桌子什么的。好奇的人见到它们，总会想扒开它们脸上的毛，看看它们眼睛是什么样子的。而当你掀开它们脸上的长毛看见那诚挚双眼的同时，仿佛也进入了古代牧羊犬心中那片温暖的世界。

表情丰富

狗狗天生有着令人惊奇的与人沟通的灵气，古牧也不例外。尽管我们很难看到古牧那双长发覆盖下的眼睛，但它们丰富的肢体语言充满了奇特的表现能力，无需复杂的交谈就能让我们深切感受到它们的喜怒哀乐。

兴奋和高兴时的表情：当古牧吐出舌头“哈哈”向主人撒娇时，当它们用力左右扭动它的大屁股时，当它们步履轻盈地一路小跑时，那表示它们很快乐，作为主人的你不妨和它分享这份快乐。

愤怒时的表情：古牧在愤怒时的攻击能力是很强的哟！它们在愤怒时鼻上提，上唇咧开，露出里面的牙齿，还会发出“呼呼”威胁的声音，四肢用力跺地，身体僵直，与人保持一定距离。我不得不负责任地提醒大家一句，在这种时候请一定注意安全！

哀伤时的表情：头垂下，向主人靠拢；有时也会躲到墙角或凳子下面，变得极为安静。

恐惧时的表情：浑身颤抖，呆立不动或四肢不安地移动，甚至向后退。

用心的主人，一定能与狗狗进行良好的交流，成为心灵最贴近的伴侣。

小时候性格顽皮

成年古牧在一般情况下都不喜欢

乱跑乱跳，但它们在小时候可是个顽皮的小家伙哦。

小古牧活泼好动，体力充沛。当有人在家的时候，它可以乖得让你忽略它的存在，从不乱叫。你做事情的时候，它会一声不响地在旁边看，或者四脚朝天地睡大觉。可是，如果家里没人的话，它就会造反了，其破坏能力简直可以与大闹天宫的“齐天大圣”相媲美。它们体力充沛，喜欢追逐活动的物体，还会把家里的东西乱叼乱放。如果你平时不让它上床，它也会趁你外出的时候肆意地跳上去蹦上几蹦，打几个滚，下班回家你也许会发现满地的屎尿，一地的碎报纸……这就需要主人的严加管教了。

当古牧感到无聊的时候，它们会尝试撕咬破坏一些东西，这实在是让那些没时间训练它们的人们感到很苦恼。但当把训练古牧当作是一种游戏，你就会从中体会到快乐。作为工作犬培育的英国古代牧羊犬，在服从性试验中有着良好的表现。

温顺友好

英国古代牧羊犬友善忠实、沉稳体贴，它们喜欢与人亲近，总是渴望人的陪伴，就是对待陌生人也很亲热。

古牧对生活总是持乐观愉快的态度，非常渴望讨好人，充满情谊，对主人和家人充满了爱心和忠诚。如果你是个工作忙碌的主人，无法常常陪伴在它身边的话，温柔易感的古牧会很容易感到孤单的。每次回家，古牧听到响动会飞也似的奔来迎接你，它会使劲用它的大嘴巴舔得你满身口水，让你知道它有多么高兴你回来；不论你离家多久，它对你的热情也丝毫不减。在你做事情的时候，它会一声不响地在旁边陪着你，看着你；在户外和家庭成员一起玩的时候，它也能平等地融入家庭氛围，尤其喜欢与儿童在一起。

在与陌生狗的关系处理上，古牧也表现得非常友好，极具绅士风度。但是，在受到攻击时，它们也会马上准备好保护自己，迅速反击。

值得一提的是，古牧温顺友好的性情并不影响它们成为良好的护卫犬。

不稳定性

英国古代牧羊犬这种听起来古老但实际上并不古老的牧羊犬的原种大约要追溯到古欧洲的牧羊犬，如布里牧犬等。要知道，当时的大型牧羊犬并不是协助驱赶羊群，而是在遇到狼或是其他大型掠食动物的时候要挺身而出去搏斗的护卫犬，离真正意义的畜牧犬尚有差距。

19世纪80年代，古牧的品种选育才正式开始。由于它们是由几种不同的古老犬种培育而成，所以人们将其称为英国古代牧羊犬。1961年，英国伯明翰地区的一个油漆商选用了这种狗狗制作电视广告，一时间这种本来不为人知的狗狗一下子成了明星，销量也随之大涨。这距古牧的育种工作开始仅仅70年，这段时间并不足以使一个新品种的基因稳定下来。面对供不应求的状况，繁殖者大量繁殖古牧，忽视了选育的原则，导致一些犬只基因不稳定。

个别英国古代牧羊犬的不稳定性格主要表现在：

* 古牧被用作畜牧犬时，在赶拢了一群羊后，有时它的神经并不能从任务的结束中放松下来，而是把过剩的精力集中在某一只羊身上，对其进行撕咬。然而，这种行为如果没有被及时发现并加以制止的话，也许会波及整个羊群。

* 作为伴侣犬时，有些古牧好斗、易怒，并曾有过攻击小孩和老人的记录。

* 显现出不稳定性格的古牧无法和其他狗狗和平相处，在不可避免的争斗中至死方休。

* 在家里有着无限的搜寻与毁灭的欲望，把原始的捕猎与争斗的本性发泄在你的家具上。

当然，这些问题都只是发生在被遗传了不稳定基因的狗狗身上。我们不能因为某些个体而否定整个群体，认为所有的古牧都有不稳定的性格。只要从正规可信的渠道获得幼犬，其实这些问题都是可以避免的。

[整体外貌]

健壮，紧凑，正方形。被毛丰厚适宜，肌肉发达。叫声响亮，有特别的胸腔的声音。

Breed Standard
英国古代牧羊犬的品种标准

作为工作犬的英国古代牧羊犬美丽、机警、强壮、活泼、高贵而文雅。由于生长在寒冷的地区，英国古代牧羊犬拥有一身很厚的、能抵御严寒气候的被毛，良好的毛发质地比毛发数量更重要。公犬有领状毛，而母犬没有。

英国古代牧羊犬的背部不能过长，因为过长可能导致背部软弱，无法胜任其正常的工作，失去了工作犬的价值。但与此同时，太紧凑的身体对一种拖曳犬来说，也非常不利。饲养者应该采取折中方案，致力于培养这样的古牧：性情活泼，体形中等，身体不过长但肌肉发达，胸部不能过深，且肋部伸展良好，颈部结实，前躯直而腰部非常结实。

公犬外貌显得雄壮，而没有不必要的攻击性。

母犬性情温柔，但身体不能软弱无力。母犬背部可比公犬略长。

英国古代牧羊犬的外表给人的感觉是有极强的耐力，但不粗壮。因为胸部较深，四肢应比较长，四肢短的英国古代牧羊犬不符合标准。后躯应特别发达，膝关节有适当角度，任何不健全的或牛样的膝关节都是严重的缺陷。整体的外貌还应包括在动作中有良好的平衡能力和健全合理的身体结构。

[体形]

大小——公犬的身高（从肩胛骨最高点到地面的距离）在55.8厘米以上，母犬在53.3厘米以上。

比例——体长（从肩胛前端到坐骨结节的距离）几乎与肩高相等。

体格——肌肉发达，骨量充足。

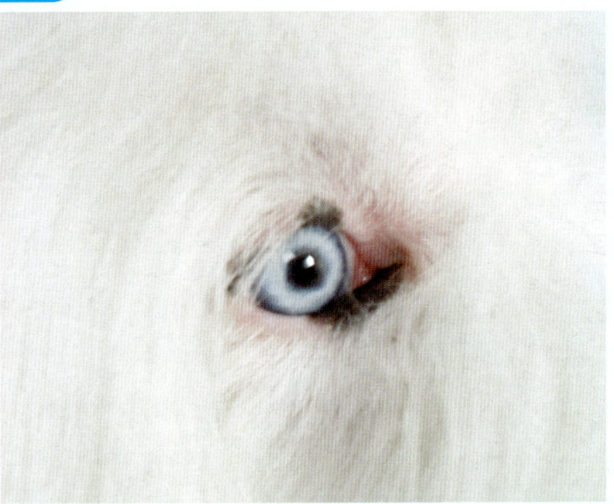

[头部]

眼睛——褐色，蓝色或一个眼睛褐色、一个眼睛蓝色。琥珀色或黄色眼睛不符合要求。

耳朵——中等大小，平贴在头部两侧。

颅骨——宽大且最好呈正方形。眼眶上缘适度圆拱。整个颅骨都被覆毛发。头脑上前额与吻之间的凹陷边界清楚。

下颌——长、结实、正方形。

鼻子——黑色，大。

牙齿——结实、大、整齐。钳状咬合或剪状咬合。

[颈部、背线和躯干]

颈部——长，温和地成弓形。

背线——在肩胛骨比腰部略低，但没有软弱或松弛的迹象。

注意：背线是这一品种特有的、区别于其他品种的特征。

躯干——短而紧凑，臀部比肩部要宽，肋骨支撑良好，胸部深而宽。

尾——断尾，尾巴在贴近身体处切断。

[前躯]

肩胛骨倾斜向后，尖端狭窄。前肢直，且骨量充足。从肩胛骨到肘关节的距离与从肘关节到地面的距离几乎相等。

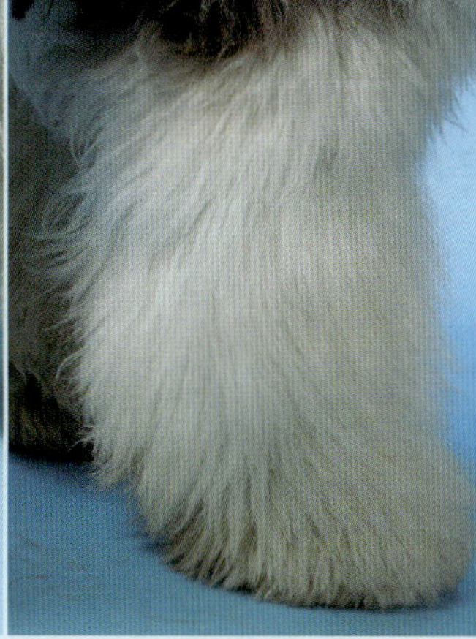

[后躯]

圆，肌肉发达，跗关节位置低。站立时，无论从哪个角度观察，跖骨都垂直于地面。

[脚]

小而圆，脚趾圆拱，脚垫又硬又厚，趾尖笔直向前。

[被毛]

丰厚，质地较硬，不直，但很蓬松，不能卷曲。毛发的品质和质地要比单纯的毛量更重要。平坦或柔软的被毛属于缺陷。在没有修剪和季节性脱毛前，底毛具有防水能力。大腿和臀部的毛发比其他部位的毛发要更浓厚、更长。被毛轮廓和质地都可以用人工方式修剪、清理，但足爪和屁股不能修剪。

[颜色]

任何深度的灰色、灰白色、蓝色或蓝黑色，带有或不带白色斑纹皆可。任何褐色、淡黄色都是严重缺陷。

[性格]

适应性强，聪明。没有好斗、胆怯或焦虑的表现。

[步态]

小跑时，动作轻松有力，步幅大，步频低。奔跑时很有弹性，也能以低速度踱步。

1990年2月10日通过
1990年3月28日生效
资料来源：AKC标准

什么是犬种标准？

“标准”的英文是Standard，就是指对纯种犬的特征规定的集合。它是判定纯种狗素质的参考依据。世界上的第一部犬种标准产生于1876年，它是一部关于斗牛犬的标准。随着犬展的发展，犬类的标准也不断变得具体和细化。现在，AKC的犬种标准通常都涵盖了对犬的形态和结构的描写，其中包括：总体外观，体形，比例，头部，颈部，背部，身体，前躯，后躯，被毛，配色，步态，性格。当然，还有对于这个犬种来说的各个部分的缺陷。

古牧一定需要白头吗？

现在国内的绝大多数古牧迷都有一种误区，认为好古牧一定要是大白头、过肩白、通背之类的。事实上，对一只古牧来讲是花头还是白头，是通背还是花背都是不重要的，唯一衡量古牧好坏的只有毛量、骨量、头形、体形、血缘这几个大的标准。大家可以看到，古牧的AKC标准上写道：任何深度的灰色、灰白色、蓝色或蓝黑色，带有或不带白色斑纹皆可。任何褐色、淡黄色都是严重缺陷。作为繁殖来讲因为古牧自身的基因不稳定可变性很强，所以不论是用白头通背的古牧还是用花头花背的古牧交配其后代都会出现花头、花背的现象，只有通背的古牧，才可以很大程度地避免后代是花背的可能。

你知道吗？

什么是犬展？

自猎犬繁殖者1859年在英国举行了第一次犬展以来，经过百余年，犬展已逐步发展成为一项规例严密、程序完善、内容不断创新，且在世界各地普遍举行的活动。

犬展从性质上分为观赏展、繁殖展、冠军展和观摩展等。我们平时接触到的多数属冠军展，即以比赛方式来选出优秀的犬种。世界上著名的犬展有美国西敏寺犬展（The Westminster Dog Show ）、英国克鲁夫兹犬展（The Crofts Dog Show）、德国种犬展示大赛与能力考核大赛（BSZS& BSP）及日本亚洲国际爱犬展等。

由于冠军展还负有判断犬只优劣的重要责任，因此在各方面都要做到绝对的公正。举办、评审等方式都有一定的规定。首先，获认可的纯种犬才具备参赛资格，狗只的年龄必须在3个月以上；另外，也要通过健康检查。世界上有超过300种各式各样的犬种，在外形、性格及功能上都有很大区别。为了犬展能更有普及性和公平性，育犬协会建立了一定的制度将各种犬做出适当的分类。

“American Kennel Club” 美国育犬协会，简称“AKC”，是世界最大的育犬协会，他们将其承认的147种犬分为7个组别：

枪猎犬组 Sporting Group　　**玩具犬组 Toy Group**
狩猎犬组 Hound Group　　**家庭犬组 Non-Sporting Group**
工作犬组 Working Group　　**畜牧犬组 Herding Group**
㹴利组（㹴犬组）Terrier Group

在现代犬展上，犬种标准是对参赛犬只评价时的基础和依据。标准的满分为100分，但是根据不同的犬种，每个部分所占的分数不同。比赛采用扣分制计分。

英国古代牧羊犬属于畜牧犬组。

你适合养古牧吗？

要迎接狗狗进门，可不能只是三分钟热度！最好，在你冷却一时冲动之后，多想一些养狗的麻烦来打击自己，考虑一下自己的生活方式、体力以及经济能力，想一想自己真能养狗吗？虽然对你而言，这不是婚姻大事，但却是狗狗的终身大事。英国古代牧羊犬的寿命为10～15年，为了确保你和英国古代牧羊犬能够共度一段美好时光，希望大家知道，未必每个人都有适合养古牧的条件，不要因为一时的冲动而害了一只一出生就没有选择权利的小生命。

你居住的环境适合养狗吗？

你的住房是否宽敞？是否有足够空间让一只身高50厘米以上大狗狗舒活筋骨？

成年英国古代牧羊犬个头较大，身高在50厘米以上，较适合住房宽敞的主人饲养，如果能有一个有围栏的院子更佳。它们不适合全天拴在屋内饲养，如果作为古牧主人的你家里没有设围栏的院子，你最好为它戴上牵引带一起散步，因为在和英国古代牧羊犬散步的同时你也可以得到放松身心的锻炼。如果你实在没有时间或者合适的场所同它一起散步，但你有足够的经济能力，你可以购买一台宠物专用跑步机（价格可是不菲哟）。

你的性格适合养狗吗？

和狗一起生活就意味着与泥泞的脚印为伍，适应它们湿润的吻，以及帮它们清理毛中夹带的小石头。它们还会脱毛，想象一下沙发上、衣服上一撮撮的毛会不会让你抓狂，而且狗毛还会引起过敏症，让人不停地打喷嚏。它们真的很脏，会让一个有洁癖或讨厌狗的人无法忍受，养狗只适合勤快的人。如果你是一个懒人，还是考虑清楚吧。

确认你有爱心照顾一只小狗狗

你愿意让狗狗一辈子幸福吗？你愿意为狗狗把屎把尿，洗遍床单椅垫，和它共度又臭又美的生活吗？

狗狗的寿命大约为十多年，和人相比，其实是很短暂的。所以，养一只狗，相对的你也得负起这十几年的责任。你是否能够始终如一、持之以恒，如同照顾你的家人一般，包容它为你带来的所有负担？因为你将要度过像照顾婴儿般的幼犬时期，也将要经历像照顾老人般的老犬时期，经历它的喜、怒、哀、乐及不幸发生的意外及病痛，并且还要有遭受失去爱犬的心理准备。总之，买回一只狗狗，就如同你选择了它成为你家的一员，且愿意如同照顾、关心家人一般来对待它。只要是你所不愿意的，也不要加诸于它身上才是。

确认你有耐心照顾一只小狗狗

你会记得定期带狗狗去做预防注射吗？此外，植入芯片、结扎、疾病医疗，都是狗狗在成长过程上必须费心的事情。

由于幼犬尚未学会定点排泄，又排泄次数多，因此，你得很有耐心地一整天拿着报纸跟在它的后面等着接它的屎和尿，一有动静马上抱它到指定地点开始学习定点排泄。古牧是大型犬，它的便便和尿尿自然就是小型犬的好几倍。如果养在室内，你要做好把屎把尿，做个超级佣人的心理准备。它们的毛发浓密程度居所有狗类之冠，而且长毛很容易打结变脏。主人要注意充分地做好毛发的日常护理工作，每天需梳毛整理。当狗狗在吃饭的时候，嘴巴下颈部需要用布围起来，避免被食物弄脏。它因后腿的关节构造特殊，年老易患关节炎，需要长期的医护。

在养狗的过程中，总会遇到这样那样的问题，这些都将是你要用足够的耐心去一一面对的。

你有足够的时间和精力吗？

大多数人一开始抱回家的都是大约出生两三个月的小狗，这样的幼犬通常胃肠较弱，需要每隔6小时或4小时喂食一次；因为幼犬抵抗力非常弱，得病几率高，再加上有些狗贩会将处于病症潜伏期的幼犬卖给饲主，你便需要花更多时间及精力来注意照顾幼犬的不正常状况，及早发现送医，避免令人遗憾的事情发生。对于幼犬，尤其是刚到一个新环境的小家伙儿来说，非常需要人们特别的关心与爱护，前几周的陪伴与爱护是极为重要的。另外，成为家庭新成员的狗狗也需要你费心的调教，以免引起家庭成员的不满而引起争执，甚至引起将狗狗扫地出门的悲惨后果。所有这些，都将花费你大量的时间和精力，你都准备好了吗？

再者，当它长为成犬时，你是否会因为工作压力，或是疲倦不堪的身体，无法陪它外出运动了呢？古牧的毛浓密程度居所有狗类之冠，冬天毛长又无阳光时，洗个澡连吹带洗得花将近2小时，每天还要花至少10分钟帮它梳毛，否则，毛团纠结令人欲哭无泪。

如果你因为工作的关系，需要常出远门几天不在家，家中又无人代为照顾，这时也可求助宠物店寄养。然而，花钱寄养固然方便，但你的狗狗却得忍受被关在笼子里，没亲人陪它玩，带它散步，拥抱抚摸它！所以，如果你会常常因为工作需要出远门，劝你别虐待狗狗，还是别养它！

你的家人都和你一样爱狗吗?

你的家人是否怕吵、怕脏，甚至怕狗，对沙发上、衣服上一撮撮的毛无法忍受，或对狗狗的毛过敏？或者他们认为，狗狗对孕妇或者小孩的健康和安全有威胁？他们是否认同在狗狗身上花费如此大的开销和精力是值得的？所有这些，都是影响你是否能持续养狗的重要问题。

如果你在考虑之后，确定你或家人有能力可以养狗狗，那么，接下来你必须好好地和家人沟通，确定所有人都愿意接受生活上的改变，都愿意承受感情上的羁绊，都愿意配合正确的喂养教育狗狗的观念。有时家人在心理上或许已接受了，但是不是在生理上会产生如过敏这种问题呢？通过良好的沟通，可以让所有人共同去疼爱狗狗，也共同去分担养狗狗的责任与负担。这样不但可以让狗狗获得适宜的照顾，也才不会因为一时冲动造成家庭革命，或造成狗狗流离失所。

所以，你的家人同意你养狗了吗？如果还没有，请认真考虑家人的意见，并与他们进行充分的沟通。毕竟，养狗并不是你一个人的事情。

适养人群

饲养者宜爱好运动，喜欢户外生活。所以，最好是住在郊区，有一个有围栏的院子更佳。也适合居住小区空地较多的饲养者。另一方面，由于英国古代牧羊犬性情温顺，同时也很乖巧，能与其他动物和平共处，适合多动物家庭的需要，也适合有孩子的家庭。

你有经济能力养狗吗？

你的经济状况能够力养狗狗吗？是否每个月有一笔预算，能支付狗狗的饲料、用品和医疗费用呢？俗话说：“金钱不是万能的，但没钱却是万万不能的。”物质享受虽不是生活的重心，但是没有能力维持一定的生活水平，就不要养狗，否则对人、对狗而言都是悲剧。因为养了狗狗，狗狗的一生十几年就是你的责任，在这十几年内的所有食、住、医疗、教育等开销，都要你来负担。你真的准备好了吗？

第一笔开销，当然是用在购买一只称心如意的英国古代牧羊犬了。一般情况下，犬的价格因性别、月龄、血统和犬本身条件（兴奋性、胆量、毛色等）有较大差别。另外，由于各地对此犬种的热衷度不同，价格也并不一致。幼犬的价格一般在5000元以上。狗的品相往往与价格成正比，但这并不代表最贵的狗狗就是最适合你的狗狗。你可以根据自己的经济情况购买一只最适合的英国古代牧羊犬。

狗狗买回家后，按照正常的程序需要给小狗办理“户口”，各个地方狗证费用不等，这也是一笔不小的开销呢。

狗狗正式成为家庭里的一员，就要讨论狗狗的生活费用。眼下大多宠物主人为了方便和营养，都用狗粮饲喂狗狗。有条件的，还会定期买宠物零食，或者狗罐头，再加上美容费用，每个月的生活开销大致在500～1000元之间。

许多人常常会在考虑有没有能力养狗时忽略了医疗费用。事实上，医疗费用是相当庞大的一笔开销，从预防注射、驱虫到各式各样的内外科疾病，包括皮肤病、呼吸道感染、胃肠问题，甚至是肿瘤癌症、骨折等，只要是你能想到的疾病或意外，都可能在狗狗身上发生，这些疾病所需的医疗大都跟人的医疗方式一致，所需的费用也就不会太低。如果一不小心生病了，狗狗拿药打针就要几百元；不小心受伤开个刀，几千几万的跑不掉。所以，如果你没有多余的收入、没有预算来负担狗狗的医疗开销的话，那你并不适合养狗狗。

城市饲养参数

家居和谐指数：★★

性格稳定指数：★★★★

容易相处指数：★★★★

外貌指数：★★★★

运动指数：★★

吠叫指数：★★

人们花一生中部分的时间对待狗狗，但是狗狗却花一生的时间对待人。负起责任来，在带狗狗回家前仔细考虑一下自己是否可以成为一个称职的狗狗主人，可以给狗狗一个温暖的窝。如果你已经通过上述考核，那就恭喜你啦！再考虑一下狗狗和家人相处的问题就可以接一只古牧宝宝回家了！

你是否还在为家里有孕妇、小孩或过敏者而犹豫是否养一只美丽可爱的英国古代牧羊犬宝宝？或者在怀孕或宝宝出世时考虑是否将宠物送走？它是否会影响人们的健康？和它在一起安全吗？下面我就为你排忧解惑。

英国古代牧羊犬与特殊人群

狗狗和准妈妈：

总会有人用这样或那样的理由劝说准妈妈们送走自己的狗狗，可已经有太多的例子证明，只要用心，狗狗是可以和怀孕期妈妈一起等待宝宝出生的。

弓形虫不可怕

弓形虫可通过母体使胚胎或胎儿感染，孕早期多引起流产或死胎；孕中期多引起死胎、早产或严重的脑、眼等部位疾患；孕晚期胎儿已发育成熟，90%为隐性感染，即出生时表现出无异常，但有可能出生后出现症状。

孕妇感染弓形虫后没有症状，难以识别。所以，为安全起见，养了宠物的女性怀孕前一定要给自己和狗狗抽血检查一下体内抗弓形虫抗体是否为阳性,医生会根据化验结果给出适合怀孕的建议。

当然，值得说的是，即使感染了弓形虫，只要用螺旋霉素进行治疗就可以痊愈了。这种药副作用小，即使是怀孕期的妇女也是可以长期服用的。准妈妈们只要做好预防，完全没必要多么紧张弓形虫的问题。

[孕妇要遵守下列事项]

- **不要吃生的或未熟的肉食，特别是猪肉、半熟的牛排。烹饪肉时，内部温度至少要达到54℃，在这个温度下细菌才能被杀死。**
- **不要用生肉喂狗，不要把它们盛食物的碗和其他东西放在一起。**
- **尽量不要抚摸宠物，抚摸后一定要洗手。**
- **不要去喂狗吃饭。如果不得不做，要戴手套。做完后用消毒液彻底洗手。**

狗狗和宝宝

家里来了新成员，狗狗对宝宝一定充满了好奇，但只要主人做好了充分的准备，就没有任何问题！

一个新生婴儿需要父母花费大量的时间悉心喂养，而花在狗身上的时间和花在婴儿身上的时间大致相同，成人不能只在婴儿睡觉时才和狗交往，不要让狗狗觉得受到了忽视。如果要改变狗狗的生活规律，要慢慢地让它们适应，比如在什么地方喂食、睡觉等。

在婴儿出生以前，就要慢慢让狗知道儿童的接触方式，找邻居家的孩子来家里和狗狗玩耍，让狗狗适应儿童抚弄和轻拉狗的耳朵、尾巴或是爪子。如果狗接受这些动作，则要给予奖励。

当婴儿和狗狗建立了良好的关系时，要赞扬或用食物奖励狗。如果狗狗有所戒备，不要对狗吼叫或是把狗锁起来，这会使狗和儿童形成不良的关系。在把婴儿带回家之前，要让狗熟悉婴儿的声音和气味。当婴儿还在医院的时候，要把带有婴儿气味的东西带回家让狗闻一闻。

狗狗和儿童

不要怀疑儿童与狗狗的关系。只要给他们积极的指导和直接的示范，他们可以很快从父母那里学习如何与狗打交道。

给孩子示范怎样做他想要做的事情，告诉他你在干什么，你为什么做这件事。要把一件事情分成许多小的步骤来教给儿童。

告诉儿童他可以触摸狗的哪些部位，比如狗的下颌和前胸。当父母指导儿童做整套动作时，狗应该被人牵住。把着孩子的手，教给他正确的拍打动作，拍什么地方。一旦孩子可以连续地做这个动作，父母就可以逐渐停止示范。

在与狗狗的交流中，儿童能学会很多不同的东西。儿童期就开始饲养宠物的孩子长大后会表现出独特的一面，养宠物的人对待动物及周围事物的态度更加友善、人道，对他人更富有同情心。在生活中不乏实例，极度自闭的孩子恐惧与他人交流，却能很快同他的爱犬建立起友情。

狗狗和老人

老年人养狗是为了找个伴儿，找点乐儿。既然是找伴儿，就得找个适合自己个性、爱好和生活习惯的，这样才会自得其乐，不会反受其累。

有些老年人体质较弱，选择对主人亲近的犬种比较适合，因为这样的狗对主人依恋性强，活动范围总是围绕主人身边，比较听话，让主人时刻感到被关注和被需要。古牧犬正是这样一个适合陪伴老人的理想犬种。

总之，喜欢狗的老年人可以选择一只适合自己饲养的狗，所获得的乐趣将远远大于为护理小狗所付出的辛苦，相信养狗的人们都深有体会。

小贴士：

根据“动物疗法”支持者的说法，动物有助于营造宽松的氛围，冲淡他人制造的危险感，从而使人们感觉更加愉悦。尽管很难用确凿的实验来证明这一理论，但生活中却不乏实例，极度自闭的孩子恐惧与他人交流，却能很快同他的爱犬建立起友情。

你知道吗？

养狗不易得心脏病和高血压

1991年剑桥大学的研究人员发现，一些英国人在抱养了猫、犬以后的几个月，长期困扰他们的顽症，如头痛、背痛和流感等症状有所缓解。2001年有消息称，在生活习惯基本相同的澳大利亚人当中，宠物饲养者血液的胆固醇水平要低于未饲养者，从而减少了患心脏病的几率。

美国人弗雷德曼和他的研究小组，测量了志愿者在休息、交谈、朗读和呼唤宠物犬时不同状态下的血压。正如人们所预料，当志愿者与实验人员交谈或阅读时，他们的血压稍有升高，而当他们和自己的宠物犬交谈时，其血压降到了休息的状态，甚至更低。

你知道吗？

在美国过敏症、哮喘及免疫学学会的会议上，研究人员提出了一项发现，婴儿出生后第一年内，让一只狗陪伴在其身边可以减少其过敏症的发生。

据介绍，他们对286名新生儿进行研究，了解狗是否能避免他们在以后的生活中发生过敏症。研究的结果证实确实如此，新生儿中没有与狗接触的有33%在后来患有过敏症；如果养狗的话，只有19%的人会有过敏症。养狗会起到重要的保护作用。

狗狗和过敏者

通常人们把对狗狗过敏的病因归结为狗毛，其实引起过敏的是同狗毛一块掉下来的皮屑中的蛋白质和狗舔被毛时留在毛上的蛋白质。

对于一个有过敏症或家人对狗过敏的爱狗人来说，养一只古牧就要面对很多问题。如果你还是无法放弃养狗的想法，可以采取一定的预防措施：

1. 进行过敏测试确定狗是否是罪魁祸首，如果不是，找出真凶。
2. 不让狗上沙发，更不能让它进过敏者的房间。
3. 经常用真空吸尘器清除狗的皮屑和灰尘，记得别让过敏者收拾吸入吸尘器的灰尘。
4. 尽可能在户外给狗梳毛。
5. 经常清洗狗窝，至少一周一次。
6. 勤给小狗洗澡，不过不要超过一周一次。洗澡可以减少皮屑脱落，也可以减少过敏原。
7. 狗毛要定期修剪，避免过长。

已经有科学家证明了宠物能够改善一个人的总体健康状况，养狗会让主人更多时间保持愉悦的心情。同时，大量研究表明，孤独抑郁者较快乐满足者更易屈服于疾患的压力。只要处理得当，狗狗和主人的生活会非常幸福！现在，你考虑好了是否把狗宝宝带回家了吗？

选择属于自己的
英国古代牧羊犬

英国古代牧羊犬的选购

到哪儿去购买一只品种纯正、活泼健康、性情适宜的狗狗呢？不要在狗市和流动狗贩手中买狗。狗市由于犬比较集中，疾病的传染几率也比较大，一些从那里买回的犬到家就会发病。推荐两条购犬途径！

1.到饲养者家中购买

购犬者通过中间人或网络等途径了解到饲养者有狗狗出售，然后，直接到饲养者家中挑选。这样，可以对犬的情况做到基本了解，而且卖方也不至于欺骗买方，价格也比较合理。但缺点是饲养者家并不容易查找，同时，因为要购买的犬不集中，选择个体机会较少。

2.到犬舍或宠物店挑选

若想挑选一只纯种健康的幼犬，到犬舍或是宠物店选购应该是最好的选择。犬舍的来源可以从爱犬俱乐部、网络、宠物杂志等途径得知。正规犬舍和宠物店的特点是营业地址固定，狗的来源渠道多为国内外著名种犬，幼犬为自行繁殖，饲养程序和技术专业化、标准化。所以，狗的质量和血系也很好。购犬者可得到幼犬的血统证明书。信誉良好的犬舍甚至对纯种犬的遗传疾病等也会有相当研究，并且出具没有遗传病的证明。也是由于上述原因，犬的价格也比较高。一般会是狗市上价格的2倍，个别的赛级犬可能会达到4～5倍。

从犬舍或宠物店选购犬只，有下列几点要注意：

(1)购犬信息时机的掌握。购犬前应尽快与有关人员建立联系，沟通信息，争取把握良机。如繁殖者有新的仔犬出生、有犬展或犬比赛时就可以着手购犬。

(2)选择设备整洁，对你的询问事项愿意亲自且确切回答的犬舍。

(3)选择在幼犬出生后8周内，不会让幼犬离开母亲的犬舍，选择对幼犬进行了社交性指导和训练的犬舍。

如何选择健康的幼犬

1.要求出售者如实说明犬的情况，如驱虫情况，能否出具没有遗传病的证明，是否预防接种过（特别是犬瘟热及狂犬病疫苗），包括疫苗的种类、接种的时间等。治病不如预防，50天的幼犬就可以进行免疫注射了。若幼犬还没有注射疫苗，应该在将狗狗带回家后尽快注射。

2.亲自检查幼犬的健康状况。健康状况的检查应注意以下几方面：

● 良好的精神状态。

●良好的食欲。

●肥瘦适度,身体各部分匀称，比例适中。

●检查犬的整体皮毛。最好是从后向前倒着推，毛根处无皮屑、无寄生虫，皮肤上无米粒状红点，无块状红疹、无大面积脱毛及其他异常。

●仔细检查幼犬的五官。

鼻镜湿润、冰凉，无分泌物，嗅觉正常。

听力正常，耳内无异味或者黏稠状的附着物，红肿、外伤、出血等情况均证明它的内耳有损伤或者耳部寄生虫，这些都是不健康的表现；

口腔内无沫状的分泌物。健康的狗牙齿应该是白色的，牙龈应该是粉红色。如果有牙垢，牙齿有损坏，牙龈为灰白色的话都可以认为狗的健康有问题（口气和牙齿都不属于原则性的问题，但是口臭的狗多半都证明它的饮食结构有问题）。

犬的眼睛应该是清澈干净的，眼睛充血，眼球有白膜，眼角有大量的眼屎，眼角肉体突出都是不健康的症状。

* 检查狗狗的排泄物。狗的排泄物也是狗健康与否的一个标准。如果狗有腹泻的现象，大便很稀，说明它的消化系统有问题，或者是肠道菌群受到了破坏，最坏的就是细小病毒。如果你无法看到它的排泄物那么你可以轻轻掀起它的尾巴，看看肛门周围是否沾有大便，一般只有拉稀的狗，肛门周围的毛上才会沾上大便。

* 通过逗犬玩耍、跑跑跳跳，以观察四肢是否正常。如出现跛行、两前肢向内并拢（O形腿）或向外岔开（X形腿）都属不正常。

* 犬的前肢肉垫是否温凉柔润，不能发烫、发干或发硬。

以上是一些在挑选狗狗时的注意事项，希望可以给大家一些帮助。大家除了按照上面的标准衡量一只狗是否健康外，最稳妥的就是上正规的狗舍去购买，或者在狗市购买后及时到医院给狗做个体检。总括来说，选择幼犬前除参考有关资料、详加考虑外，最好向有经验人士请教一下。

在此预祝你选到一只称心如意的幼犬！

幼犬到家前的准备工作

狗狗就要回家了！你是否准备好了小狗要用的一系列东西？作为一个好主人，一定要想得非常细致！

要想养好一只小狗可不简单，我们需要准备很多的东西！

食盆 最好选择有防滑座的狗狗专用食盆，可以避免狗宝宝推着食盆满地乱转，也尽量别选择两个碗的食盆，清洁起来不太方便！

饮水器或水盆 饮水器不易落入灰尘，是个不错的饮水用品！一些小狗在犬舍就使用饮水器喝水，主人无需费心教它。如果不会使用，主人就应该让小狗了解如何使用这个奇怪的东西，主人可以在小狗眼前用手指碰碰饮水器的滚珠，让饮水器流出一点水，试着让狗狗舔一舔，多数小狗很快就知道如何使用。如果你家的小古牧就是不喜欢这个东西，主人也不能动粗，我们还有备用的水盆，保证谁家小狗都会使用！

狗粮 狗粮必不可少，不然，狗狗还不饿肚子？领回一只狗狗，特别是领回一只幼犬时，一定要询问狗狗以前吃什么牌子的狗粮。幼犬肠胃脆弱，不能突然更改狗粮。即使你对小狗原来食用的狗粮不满意，也要循序渐进地更换。

狗窝 你可以选择木质、塑料制品的犬屋，树藤、泡沫的犬窝或者各种材质的犬笼，最好用不锈钢犬笼，虽然价格贵了一点，但精细、美观、耐用，建议购买底板密一点的，用毛巾、浴巾或布垫上，这对古牧的四肢和毛质非常关键。很多小狗离开母犬会不适应，舒服的棉垫包裹会让它找到妈妈的感觉。古牧犬厌恶寒冷，不宜在室外的狗舍中喂养。

狗厕所 宠物店有专门的狗厕所出售，也可以用报纸代替，尽早养成良好的上厕所习惯非常重要。

护栏 护栏可以限制小狗的活动范围，多数小狗还没有良好的上厕所习惯。如果对它不加限制，可能上班回家后，家里就被弄得乱七八糟了！可以在护栏的一边放上狗窝、食盆、水盆，另一边放上狗厕所或报纸，这样护栏就成了一个小家！

项圈、牵引带 主人需要购买合适大小的项圈和牵引绳（最好是套背式的），出门遛狗、去宠物医院，凡是公共场合，都要带上牵引绳。

最喜欢它眼前挡着长毛的样子，傻乎乎地惹人怜爱，它们看起来是那么不会照顾自己，作为主人的你就要付出更多的关心，关心它饮食起居、关心它生儿育女，反正狗狗一生会遇到的状况我们都要加倍留心。

这一部分，我们就从小英国古代牧羊犬出生开始讲起，说一说怎样的喂养，才能保障它有健康的一生！

2 喂养

幼犬的喂养

我家的古牧宝宝出生了

古牧宝宝刚刚来到世上，它紧闭着眼睛，感受着母犬温柔的舔舐，它的生活开始了！

初乳：狗宝宝的第一餐

要想小狗宝宝健康成长，就一定要及时给它吃到初乳。初乳就是母犬产后3~5天内的乳汁，其成分与其他时间的乳汁有很大的不同。

[初乳的特点]

★含有较高的蛋白质、脂肪、丰富的维生素，具有缓泻作用，可促进胎便排出。

★初乳酸度高，有利于消化活动，初乳中的各种营养物质几乎全部被仔犬吸收利用，对增长体力、维持体温极为有利。

★初乳含有多种抗体（母源抗体），这对机体抗病机制尚不完善的仔犬有着十分重要的意义。

吃初乳对宝宝的身体非常有益，可以极大程度地提高幼犬的免疫力。一般古牧妈妈产后数小时，就能给仔犬哺乳了，而刚生下的仔犬虽双眼紧闭，但可凭嗅觉和触觉寻找乳头。对体弱仔犬主人应该将其放在乳汁丰富的乳头旁。一般母犬有8~10个乳头，英国古代牧羊犬妈妈可以哺育6只左右的幼犬，超过此数量则要考虑主人帮忙或寄养给产仔少的狗妈妈了。

你知道吗？

据实验，仔犬可从初乳中得到77%的免疫保护力，随后母源抗体的浓度逐步降低，到1周龄时为45%，2周龄时为27%，3周龄时为16%，到8周龄时基本上没有了。因此，在8周龄时注射疫苗最合适，过分提前容易破坏幼犬从母犬体内获得的抗体。

一般情况下，古牧妈妈都会很好地照顾狗宝宝，哺乳的时间、次数母犬都会掌握，无需人为干预。但有些乳汁少或母性差的母犬，主人要注意它喂宝宝的情况。一般每天的喂奶次数应在5次以上，低于这个数，狗宝宝就面临吃不饱的危险。对母性不强的母犬，主人可以轻掐幼犬，使它发出“吱吱”的叫声，刺激母犬的保护欲，也可以稍稍强制母犬趴下接受狗宝宝吃奶。一般只要一周时间，狗妈妈都会变得非常有母性，到时候你想看看狗宝宝，还要看人家高不高兴呢。

幼犬的喂养

狗宝宝在哺乳期

人工辅助照顾狗宝宝的方法

当古牧妈妈奶水不足时，主人可以帮帮它，可以有效地降低母犬的负担。要记得喂狗宝宝专用狗奶粉冲制的奶，用牛奶喂养幼犬是不科学的。牛奶中的营养成分和犬奶中的营养成分有很大的区别。

牛奶	犬奶
低蛋白	高蛋白
低脂肪	高脂肪
高乳糖	低乳糖

由于营养成分差异很大，犬本身又无法吸收过多的乳糖，脆弱的幼犬吃牛奶，极容易造成腹泻，严重的腹泻可能引起脱水，甚至死亡。所以，要人工喂养小狗狗，记得一定要到宠物店买专用的狗奶粉。这些奶粉都是经过特殊处理的，符合狗狗的消化需要。

你知道吗？

刚刚出生不久的小狗也需要驱虫，因为大部分的幼犬会由胎盘或乳汁感染肠道寄生虫。所以，幼犬20日龄时即应第一次驱肠虫。以后每月一次直至半岁，半岁开始每季度一次，成年后每半年一次。

一般肠道寄生虫有：蛔虫、钩虫、绦虫等。患病幼犬食欲不振，消瘦，发育迟缓；便秘或腹泻，腹痛，呕吐，腹围增大。严重感染可导致严重并发症而死亡。

给古牧宝宝加餐了

古牧宝宝长到20天了，狗妈妈的奶水量越来越少，是给小宝贝们加餐的时候了！用温开水冲一点狗奶粉，再加入一些幼犬粮，泡软，幼犬会非常喜欢这样的食物。但要注意，狗宝宝的肠胃还很脆弱，开始时只喂一点点，观察幼犬的便便，没有严重改变的话，慢慢增加加餐的量。适当早加餐，可锻炼幼犬的消化器官，促进肠道发育，对于乳牙的生长也有好处，为顺利断奶奠定基础。

告诉你：紧急用狗奶水配方

如果宠物店关门了，没有狗奶粉，不用怕，我们还有紧急用幼犬奶水配：

200毫升全脂牛奶、两颗鸡蛋黄、一匙色拉油、一滴小儿用液体维生素（不一定要）。

搅拌均匀后，放在冰箱里，要用时拿出来加热后再喂。

古牧宝宝断奶了

断奶，是古牧宝宝生长过程的重要一课。刚刚断奶的时候，狗狗非常容易生病，因为宝宝从母体得到的抗体已经消失，新的抗体还没有生成，非常需要主人的细心照顾。这时候营养状况良好，是保障狗狗好体质的重要因素。

你知道吗？

切忌给小狗喂食剩菜剩饭、腐烂变质以及不洁的食物。因为它们不仅无法满足幼犬的营养需要，同时，也会造成小狗的免疫力迅速下降。

断奶时间

通过20天左右的加餐，狗狗已经渐渐适应了吃泡软的狗粮，狗妈妈也不再“心甘情愿”地让狗宝宝吃奶，45天左右，狗宝宝们就要开始断奶了！

断奶后的喂养

断奶期，宠物主人应该为狗狗把好营养关，尽量选择高营养密度配方幼犬粮。狗狗吃好的粮排出便便油亮，不软不硬，而且也不会很臭。

幼犬的饲喂次数

由于幼犬的胃肠功能尚未完善，所以主人在喂食时必须考虑小狗的消化及吸收程度，尽量遵照“少食多餐”的饲喂原则，具体参照如下：

狗狗不同时期的饲喂次数

断奶后至第3个月	每天3～4次
第3～6个月	每天3次
第6个月至成年	每天2次
成年后	每天1次

你知道吗？

优质的幼犬配方食品需要保证高蛋白质（不低于30%）、高能量（19%~20%），以满足幼犬的健康及营养需要，同时宠物主人在选择配方粮方面还需要考核的包括：1）原材料的来源：高品质且新鲜的肉类产品。2）食品的配置：主要的营养保证值，即蛋白质、脂肪、必需脂肪酸及纤维等营养指标。3）生产工艺：100%浸油，味道香美；容易吸收并且保存时间长。

古牧宝宝的免疫程序

免疫对于幼犬来说非常重要，因为疫苗所预防的疾病都是传染性非常强、死亡率非常高的，打疫苗可以最大限度地避免狗狗得一些恶性传染病。但也并不是疫苗注射越早越好，因为出生时狗狗从妈妈的初乳中得到的抗体要到8周时才消失，过早注射会让从母体得到的抗体失效，所以说：

免疫最佳时间是8周龄，即小狗满两个月时！

说一说狗狗常用的疫苗！

最常用的疫苗品牌：荷兰英特威、美国富道、法国维克以及国产的疫苗。

最常用的疫苗种类：犬窝咳疫苗、进口犬六联疫苗(预防犬瘟热、传染性肝炎、腺病毒、副流感、钩端螺旋体和细小病毒)、进口犬七联疫苗(六联加冠状病毒)、狂犬疫苗。

免疫不是打一针就万事大吉，需要一定的程序才能达到最佳的免疫效果！正确的免疫程序应该是：

狗狗出生 8周　第一次六（七）联疫苗注射
狗狗出生11周　第二次六（七）联疫苗注射
狗狗出生14周　第三次六（七）联疫苗注射

多数进口的犬六联七联苗中不含狂犬疫苗，应在3月龄时单独注射。你的小古牧经过这个最初的免疫计划后，以后要做的就是每年注射一针六联疫苗和一针狂犬疫苗，这样就可以让狗狗和那些威胁巨大的传染病说拜拜了。

你知道吗？

疫苗其实是披着羊皮的狼！一般宠物主人都认为疫苗是很好的药物，殊不知疫苗实际上是一种经过弱化、降低活力的病毒。 你可能会问，给健康的犬注射病毒，不会引起感染吗？用作疫苗的病毒都是经过特殊培养和技术处理的，它的活性比正常病毒低得多。当这种疫苗病毒侵入犬机体后，犬机体会产生抵抗力。由于疫苗病毒活性极低，因此犬本身的抵抗力可以战胜病毒，从而保证犬的健康。抵抗力经过疫苗病毒的斗争变得愈来愈强，以后即使正常病毒侵犯犬机体，犬也足以应付自如。

幼犬的管理

古牧宝宝的牙齿问题

对于正在长牙齿的小古牧来说，咬东西是正常反应。特别是3~6个月大的阶段，因为乳齿脱落，新的永久齿正要冒出来，狗狗常用咬东西方式减缓换牙的不舒适感，同时可以帮助牙齿顺利长出牙龈。

所以，这段时间狗狗都会喜欢嗑东西。如果你拥有一只3~6个月大的狗，回到家里看到一片狼藉时不要过分惊讶。

狗狗嗑东西，主人要

■去除诱惑

不要拿毛绒拖鞋诱惑我们的小狗，因为它和狗狗的玩具太相像了！

■一两个玩具

主人可以在宠物店里挑选一两个可爱玩具，让它们有专属的可以咬的东西。

■让它爱玩具

常有主人说，自己的狗狗专门捡不能咬的东西咬，那么，不妨将买来的玩具上面涂些奶油，或者用手搓它们。当玩具上沾满了宠物喜欢的味道后，自然会令它们爱不释手。

■赏罚分明

主人一旦发现宠物咬玩不该咬的东西，就立刻阻止。若看到它们乖乖地咬自己的玩具时，亦应该鼓励赞许它。

■冰凉的感觉

主人可让换牙时的狗狗咬些小碎冰块。这些东西不但具有酥脆的感觉，同时，冰凉的感觉也可暂时麻醉长牙的疼痛。或准备一条末端打了结的湿毛巾，放进冷冻柜中结冰后，再给宠物咬玩。

■“专业”狗咬胶

给狗狗准备一些狗咬胶。这些骨胶、肉皮制成的东西硬度够、味道好，狗狗会把嗑家具的精力都转移到嗑狗咬胶上面。

上面这些方法可以有效降低小狗的破坏力，这时还应该多用手指按摩狗狗的牙龈，为以后它接受刷牙、进行牙齿检查等打基础！

注意！

幼犬3个月时就不要再吃泡软后的狗粮了，因为犬粮的硬度对牙齿健康非常有好处，可以预防狗狗口臭、牙周炎等口腔疾病的发生。

狗狗的最初社会关系建立

英国古代牧羊犬是个大个头，如果在狗狗小的时候没有接受良好的社会关系训练，长大后再想训练它乖乖听话可是会成为主人的大难题。因此，在它小时候就要让它学习和其他狗狗的相处方法，以及正确认识自己在家庭中的地位。

缺乏社会关系训练坏处一：无法与同类沟通

幼年时期不接触其他犬，不懂得同伴的语言，常常误解其他狗狗的意思，而且，很可能造成狗狗见到同类十分胆小，这种胆小多数会通过攻击行为表现出来，使狗狗变得好斗！

缺乏社会关系训练坏处二：统治欲强，不适应家庭生活

在狗狗的社会里，没有平等而言，当它们还是狼的时候，狼群里就有很明确的等级观念，这种观念一直保留到了现在的犬的社会里。英国古代牧羊犬一般只服从一个主人，对其他人不理不睬或表现出统治欲，这可能使它变得不适合家庭生活！

如何建立良好的狗狗社会关系？

3～4个月龄是小狗建立社会关系的最主要时间，这段时间非常矛盾。一方面，小狗刚刚完成两针的免疫，还差一针加强针，应尽量避免接触其他狗；一方面社会关系的建立，需要与其他狗多接触。解决的办法也只有主人请一些免疫良好的健康、温顺的小狗来家里做客，以建立自家宝宝良好的社会关系。

如何让狗狗更适合家庭生活？

主人要教会小古牧接受爱抚，这从它很小时就应该开始了。还要找一些喜欢狗的朋友来家里做客，让狗狗学会正确面对陌生人。它不应表现出任何的攻击倾向，也不可以试图控制主人的行为！

古牧确立家庭霸主地位的手段：

得不到主人的注意，脸上立刻出现郁闷伤心的表情：

拱你的手让你抚摸

用身体贴着你或倚着你

对主人不感谢

不理睬主人的命令

呜咽

如何进行心理降级训练：

* 如果狗在卧室或其他任何你不想让它睡觉的地方，要立即禁止它呆在那里。

* 当你在房间走动时，让你的狗闪开。不要绕着它走，可以用脚尖轻触它，让它让开。如果是一只好斗或咬人的狗，还是用点工具让它让开更安全。

* 在它没有做训练或没有任何可以奖励的行动时，不给它任何美味的零食。

* 拿走所有的玩具、球、咀嚼物和类似的东西，只有你想和它玩耍时才拿出来。

* 不要让你的狗先于你出入门口。如果它试图挤到你前面，用力将门关上。当然，得确定不会夹到小狗。你可以每天摔门N次使它学会等待，让它学会必须在你后面才是允许的、安全的。

* 当你为它准备食物或做饭时，让它学会安静地等待，包括它需要了解，得主人吃完饭后它才能开饭。不要因为它的乞求、扑耍或吠叫给予它任何食物。

* 在你看电视或读书时，不要因为它挤在你的身边就有意无意地抚摸它，别理它。头领狼就不会理会低级别成员的恳求。

* 在必要的时候用牵引带和项圈让它服从命令，比如它赖在客厅里可以用牵引带带它离开，甚至用牵引带把它拴在其他它应该待的地方。

幼犬的管理

幼犬的疯长期

这段快速成长期非常重要，甚至可以左右英国古代牧羊犬的一生。

由于小狗的快速生长，你所喂的食物将对小狗以后的行为以及它的身体发育产生重要的影响。所以，你要确保，它每天不仅得到了足够量的食物，还应该注意它的饮食在蛋白质、碳水化合物、脂肪、维生素和矿物质等各方面是否均衡。应该给它喂既合口味又易于消化的食物。这样，自己搭配小狗的均衡日粮还是有一定困难的，还不如直接喂专为小狗生长发育期设计的日粮来满足这段时间的特殊需要。

怎样判断喂食量是否合适

每只狗狗的食量并不完全一样，刚开始可以喂得稍多一些，再视吃剩的食物多少判断喂食量是否过多。可以随狗狗长大的过程慢慢增加喂食量，同时，减少喂食的次数。喂食量应该根据它的进食状况，大约3周调整一次，但应注意不要让它自由采食，想吃多少就吃多少古牧会很容易长胖的。

不要乱吃“补品”

如果小狗的食品，已经能够提供完整、均衡的养分（比如专为发育幼犬设计的狗粮），那么，就没有必要喂食额外的维生素、矿物质或肉类。事实上，研究已经证实：对于发育中小狗的健康来说，过度的维生素、矿物质等补给品，反而是有害的。

成年狗狗的饮食

狗粮的种类

当英国古代牧羊犬成年，也就意味着它已经不再长大。所以，需要的蛋白质和热量都更少一些。和幼犬一样，市面上也有很多针对成年狗狗的品牌狗粮出售。大体上可以分为四类：

☆ 干狗粮：约含水分10%，营养成分经过计算；搭配合理，香脆可口，有利于强化狗狗的牙齿和下颌。与其他种类的狗粮相比，其价格便宜，易于保存。

☆ 肉干类：适合作为零食和调教时的奖赏，但要选择盐和蛋白质含量低的肉干。由于容易使狗狗营养过剩，所以尽量不给狗狗吃这类零食。

☆ 狗罐头：约含水分75%，是将肉类加热处理后的罐头或高压蒸馏食品，狗狗最喜欢吃了！但价格较高。狗罐头肉香扑鼻，刺激食欲，可在干狗粮中拌少量狗罐头。

☆湿狗粮：水分占25%~30%，呈半熟状态。这种如同肉一样的狗粮是狗狗喜欢的食物，但价格比干狗粮贵，不易保存。

另外，你应随时为狗狗准备好干净的水，尤其当你选择干狗粮时，更要在喂食时间在碗中加满水。

四季饮食注意事项

春季 冬季结束，狗狗的活动量逐渐增大，食欲也旺盛起来，喂食过多会出现消化不良。要控制热量，充分运动。

夏季 这个季节，英国古代牧羊犬跟人一样也没有食欲，取而代之的是燃烧体内脂肪以补充养分的不足。为此，狗狗会消瘦。只要精神好就不必担心。

秋季 这是夏季消耗的体力得以恢复、为准备过冬而增强抵抗力的季节。应刻意喂些高蛋白质、高热量的狗粮，但不要因为食欲旺盛就给它吃得过量。

冬季 为了保持体温，需要增加热量，应多给狗狗吃富含蛋白质和脂肪的食物。

狗狗不能吃的美味食物

1．洋葱和葱：会引起中毒。即使通过加热，有害的物质也不会分解。因此，像汉堡包等加入了洋葱或葱的食物绝不能给狗狗吃。

2．盐分过多的食物：有些食物虽然适合人的口味，如咸肉等，但对狗狗来说就是盐分过量了。

3．冰激凌、奶油蛋糕：这些都没有必要给狗吃。这些食物含过多糖分，容易引起肥胖或腹泻。

4．鱼骨和鸡骨：请不要再喂这些了！因为狗狗习惯不嚼烂就把食物咽到肚里。这样，鱼骨和鸡骨常常会造成呕吐、腹泻或便秘，还可能卡在喉咙里。

5．香辣的调味料：刺激性强，一般气味浓重的食物对狗不好。

6．牛奶：虽然营养价值较高，但狗狗不易消化吸收，可能引起腹泻。请小心喂食，特别是小狗最好不要喂食。

7．含纤维质过多的蔬菜、花生、章鱼、墨鱼、贝类：这些都是不太容易消化的食品，可能引起腹痛、腹泻。

8．年糕、紫菜：这些都可能堵住咽喉或粘在喉管上，引起窒息。

9．巧克力：巧克力含有的可可碱会造成狗狗食物中毒。有数据显示：1千克体重的狗狗吃下9克的纯巧克力就有可能导致死亡。巧克力中毒会引起呕吐、下痢、尿频不安、过度活跃、心跳呼吸加速，甚至会因心血管功能丧失而最终导致死亡。

成年英国古代牧羊犬的喂养管理

狗狗的适量运动 Sport

狗狗运动量多少才合适？

适当的饮食选择，是维系狗狗健康的关键。但适当的运动项目与足够的运动量，更是长期维护狗狗生理与心理健康不可缺少的。

如果你的英国古代牧羊犬大部分的生活范围是在室外，并有足够空间能够运动的，譬如100平方米以上的运动场所，这样的生活环境对它的运动量一定足够，你就不用忧心狗狗的运动量不足。

如果是都市区饲养的古牧，每天应步行60分钟以上。

你知道吗？

成年狗的日常需要

大量的运动：多数健康的狗狗每天都需要散步两三次；

均衡的饮食；

新鲜干净的水：千万不要让水碗干掉，尤其是在温暖的天气里；

定期的梳整：注意检查它有没有疼痛的地方、肿块和秃斑；

每年请兽医注射一次疫苗，做一次全面的体检；

定期地预防寄生虫；

陪伴：不应该让狗狗长时间地独处；

它自己的床：在那里，白天它可以安静地休息；晚上，可以好好地睡觉。

避免周末大量激烈运动

运动应每天进行，万不得已时，只得间断某些时日。有些狗狗周一至周五几乎都没有活动，在周六或周日却做大量的活动，甚至剧烈的运动，其实是很不好的，尤其可能会造成6岁以上的狗狗心脏、脊椎、韧带与关节的伤害。

外出步行，跟随着主人的球鞋步距，一步一步地走，是最好的运动。一则可以培养主人和狗的关系，二则人和狗都有足够且适度的运动量。

如果可以，还应该解开束带，让它有时间跑一跑。自由的跑动将有利于它去探索未知的事物。当然，你要确信它在听到命令之后会马上回来，否则，不要放开它的束带。同时，你要选择合适的场所，比如在郊外，没有来自诸如汽车、动物、孩子、散步者、骑车者和打球者的干扰。

成年英国古代牧羊犬的喂养管理

狗狗参与的出游计划

平时你一定很希望能带着英国古代牧羊犬和你一起出游爬山吧。带狗狗出去玩也是对它的一种锻炼，让它更多地接触自然。与大自然和陌生人接触对狗狗来说是一种特别的体验，宠物狗经历得越多，对它的性格也会越好，也会更聪明。但一定要注意以下问题：

遭遇狗狗免进的尴尬

与我们自己远足郊游不同，带狗狗出游在一些方面会受到限制，一般公园、游览区不让狗狗入内。因此，带狗狗出游一定要事先打听好，选择正确线路，避免出现被拒之门外的事情发生。

正确做法：选择郊区的自然风景，不去公园、游览区等人多的地方。

不要把狗狗放在副驾驶位置

有些人喜欢图省事，直接把狗狗放到副驾驶位置，这样一边开车一边还能看到爱犬。其实，这样做很不科学。首先，人用安全带根本不能保护它，而驾车出游多半去郊外，路远车速快，急刹车的时候很容易伤害狗狗。另外，如果狗狗不老实，也影响司机驾车，容易发生危险。

正确做法：把小古牧放进航空箱，放在后排座椅上；开车时注意控制车速，避免急刹车。

不要任狗狗疯跑

到了郊外，狗狗一定会显得非常激动，久居都市的它们很少有机会能够呼吸一下郊外清新的空气。这时，不少主人会放任狗狗四下疯跑。都市中宠物狗的体质已经远比它们的同类退化，常常有因为郊外疯跑不慎骨折的狗狗到动物医院急救。

正确做法：主人先用牵引带控制狗狗，熟悉一下环境，选择平坦的场所给狗狗运动。

主人炫耀，狗狗遭殃

古牧可爱乖巧，在人群中一露面就会引来很多人围观夸奖。有的狗主人为了炫耀会松开牵引带，让自己的爱犬充分表演。这样一个人多嘈杂的环境对狗狗是个刺激，可能会发生狗狗乱跑跑上公路被汽车撞到的危险，或是狗狗因为紧张咬伤人。

正确做法：在人多的时候，主人要收短牵引带，牢牢地控制好犬，或者干脆抱着它。对于好奇的小朋友，主人要劝告他们与狗狗保持安全距离。

汽车不是安全的狗窝

有些主人在玩累后准备用餐，而餐厅不许狗狗进入，主人便将狗狗关在汽车内。事实上，汽车并不是保险箱。在阳光的暴晒下，车内温度会急剧升高，这样的环境也许仅仅半个小时就会要了狗狗的命。曾经发生过主人用餐完毕回到车里，发现车内的狗狗已经死去。

正确做法：自备干粮，和狗狗在树荫下享受郊餐，车子最好停在有阴凉的地方，避免暴晒。

成年英国古代牧羊犬的喂养管理

古牧发情期的护理

英国古代牧羊犬每年春季（3～5月）和秋季（9～11月）各发情一次。但由于长期与人类共同生活，优越的物质条件影响了这种季节性，表现出了常年发情的现象，但春秋仍为狗狗发情较集中的时间。

如果你的古牧的身体和行为发生很多明显的变化，表现出：兴奋性增强、活动增加、烦躁不安、吠声粗大、眼睛发亮，那么，你的乖乖女是要长大了，这些都是小母狗发情的表现。如果小狗的屁屁流出了红色伴有血液的黏液，那么，就可以肯定你的狗狗是发情了。

雌犬的发情：发情期以6个月为一周期。最初的发情期在生后6～10个月，但发情期一结束，也不允许雄犬与其交配，在6个月为一周期的下个发情期到来之前不适合交配。

雄犬的发情：被雌犬的发情气味所刺激。雄犬没有特殊的发情期，出生后6~8个月如果性成熟，什么时候都可以交配。一旦受到雌犬发情期气味的刺激，它就想与其交配。

最佳交配期

雌犬发情期到来时，会出现排尿次数增多、外阴部充血肿胀，不久开始分泌血性黏液，这种状态持续3～4天后开始出血。10天后渐渐停止，随之而来的是微黄色液状黏液，这就是排卵期，是交配、受精的最佳时期，准确地说是自出血开始数起的第12～13天。

生育能力可保持到什么时候？

古牧在7岁之前都可以生育，超过这个年龄受孕率降低，而且不能期望生下的幼仔完全健康，最好在5岁之前让狗狗怀孕生仔。但是，分娩本身对身体过于瘦小的雌犬意味着有生命危险。

绝育的好处

雌犬：

1. 半年或一年一次的发情期会消失。

2. 患乳腺癌的风险大大降低。如果雌犬第一次发情之前就已经切除了卵巢，患病的可能性基本上可以忽略。

3. 尽早地做绝育，可以降低患糖尿病的可能性。因为这种病与卵巢所产生的激素水平的变化有关。

4. 子宫积脓在一个除去卵巢的雌犬身上是不会发生的。

5. 减少不想要的怀孕次数。

6. 绝育后，雌犬不会跑出去寻找配偶，从而走失或受伤的可能性降低了。

雄犬：

1.不易得睾丸癌。这在年老未阉割的狗狗中，是相对较普遍的病症。

2.避免良性前列腺肥大。由于雄性荷尔蒙会影响前列腺扩大，这种病会导致大小便排泄困难。

3.降低肛门腺肿的发生率。肛门腺肿即在肛门周围出现肿瘤，一般会导致炎症，出血，有时还会导致排泄困难。

孕期母犬的喂养管理

科学喂养怀孕的古牧

英国古代牧羊犬妊娠期为60天左右，在“二”月怀胎期间，主人应该看一些如何照顾怀孕英国古代牧羊犬及初生幼犬的资料，做好迎接小生命诞生的准备。

英国古代牧羊犬孕期的营养和饮食

英国古代牧羊犬在怀孕期间的迹象有食量增加、体重上升及胸部变大。

怀孕期的母犬护理可以分为三个阶段：

1～30天是第一阶段，刚刚受孕（大约一到两周内）的母犬要避免剧烈运动，容易流产！保证母犬平时的喂养水平就可以了，不要加太多的肉、蛋、营养和食量，因为胎儿生长比较慢，个子也很小，如果喂太多的食物，营养都会被母犬吸收，等于给母犬催肥呢！又胖又不运动，容易发生难产！

30～45天是第二阶段，母犬腹中的胎儿开始长啦！你能感受到的最直接的变化就是母犬尿频。如果你原来早晚遛狗狗各一次，那就要每天多加一两次，适当增加运动量，让母犬身体炼得棒棒的！适当增加营养，肉、蛋、酸奶等，一定要少量，胎儿如果吸收太多营养，长得太快，也会难产的！

45～60天是第三阶段，你可以非常明显地看到母犬的肚子鼓起来了！到最后几天，你能摸到胎儿在肚子里面打滚呢！保证母犬一定的运动量，如果母犬跑不动，就带它多散步。这时的母犬就像饿狼一样，永远吃不够！要控制喂食量（大约比

平时多20％~50%就够够的了），你如果心软喂多了就是害了它！

狗妈妈的食物要求：

母犬的食物要求新鲜无污染，更不能霉烂变质。

食物的温度最好在37℃，过热会影响犬的食欲，甚至使犬拒食；过冷的食物会刺激胃肠道，并会引起母犬流产。

尽量给母犬吃专用的妊娠母犬粮，也可以喂它幼犬粮，这些粮食的能量含量相对较高。

如果喂的是专用的犬粮，就不要另外补充钙和锌及维生素D，否则，易造成母体软组织钙的沉着和仔犬的畸形。

准备温暖的产房

预产期两周前就应该给狗妈妈准备好产房，以使它养成在产室睡觉的习惯。对于室内犬，在它经常能安心睡觉的地方，放一个浅而宽大的厚纸箱，里面铺上旧衣服或旧棉垫，面上再铺两条浴巾。冬天应该将所有门窗关严，保持产房暖和，以防止狗狗在生产中感冒。

产房最好远离大门或可以随便进出的出入口，应该选择在家中最安静的场所。同时，要考虑狗狗有在夜间生产的可能，故应该准备20瓦的灯光照明。

夏天产室应尽可能通风，还应注意对虱子、跳蚤和蚊子的防范。

产床的铺垫应保持干燥，经常日晒。

如果狗狗在交配后63天左右，突然没有食欲，若是室内犬，将窝、被子扯乱；若是室外犬，则将犬舍里面所铺的破布乱抓成一团，显得很不安静，而且两眼发红，这是生产的前兆。

消毒和准备接生工具

狗狗出现临产症状的最初，就要对产房进行一次彻底清扫和消毒，也要对狗妈妈的身体进行消毒，避免免疫力低的小狗感染疾病。用0.1%新洁尔灭对母狗全身进行清洗,特别是臀部、腹部和乳房的周围。

准备好接生的用具和消毒药品。如剪刀、灭菌纱布、灭菌细线绳、药棉、70%酒精、0.5%来苏儿、0.1%新洁尔灭消毒液、5%碘酒等。

联系好附近宠物医院

准确了解就近动物医院的地址和电话。虽然狗正常分娩的情况居多，但也不是说没有难产的情况发生。如特别情况，母狗难产时，最好尽快送到动物医院。

你知道吗？

母犬也有假孕。假孕的表现主要为：腹部脂肪逐渐累积，腹部异常膨大，还会引起乳腺发育，喘气异常，还有在60~70天间有筑巢行为。严重时表现为母性本能，如拒食，保护不活动的物体（如拖鞋、玩具、布娃娃等）当作自己的幼犬，允许幼犬吃奶，泌乳持续几周，但不能形成初乳。假孕是由于内分泌失调引起的，而且会重复发生，易引起子宫炎。所以，经常有假孕现象的母犬，不宜生小狗。

孕期母犬的喂养管理

为生产做足准备

自己饲养的小古牧居然快当妈妈了，真是神奇！当然，要做好最妥善的准备，保证它顺利生产！

哺乳期母犬的喂养管理

古牧分娩时的照顾

终于等到了这一天，心里很紧张，也很兴奋，这可能是很多古牧主人最期待的一天！

临产征兆

母犬一般在临产前两三天体温开始下降，当体温开始回升时，表明即将分娩。母犬分娩前两周内乳房变大，乳腺充实，分娩前两天，可以从乳头里挤出少量乳汁。分娩前一天，母犬食欲大减，甚至停止进食，行动急躁，常用爪子抓地。

分娩前3～10小时，母犬开始出现阵痛，坐卧不安，常打哈欠，排尿次数增加，抓扒垫子，呼吸急促，张口尖叫或呻吟。外阴肿胀，如果有黏液流出，说明数小时内就要分娩。通常分娩多在凌晨或半夜，在这段时间应该多加注意。

分娩过程

分娩过程一般为3～4小时，每只胎儿的间隔时间为10～30分钟。一般情况下古牧生产不需要帮忙，但有些古牧这种本能会比较差，需要人在旁边监护，发现问题及时处理。

分娩母犬常常侧卧，回顾腹部，出现呻吟、呼吸加快，然后伸长后腿，这时自阴门流出稀薄液体。随后，产出第一个包有胎膜的胎儿，母犬会迅速用牙齿将胎膜撕破，舔干胎儿身上的黏液。第一个胎儿能顺利产出，则其他的胎儿一般不会出现什么问题。

判断分娩是否结束，一般以母犬在产出几胎后变得安静，不断舔舐小崽的被毛，2～3小时内不见其努责，表明分娩已经结束。但是，也有少数狗狗数小时后再度分娩的。

接产时的注意事项

犬分娩场所：场所应该昏暗，四周严禁人围观，最好无嘈杂声，否则，会使母犬难产。

注意观察母犬咬脐带，发现母犬有“食崽癖”时，及时制止。

母犬产后吃胎盘是正常现象，具有催乳作用。但一般吃2～3个就可以了，吃多了会导致消化不良。

母犬难产：当母犬已从阴门流出多量稀薄黏液达数小时，或者胎儿露出阴门10分钟还不能全部生产，说明母犬难产了，这时要给予助产或剖腹产。古牧犬难产的情况不严重，但如果长得过胖将增加它难产的几率！

大出血：分娩时，若阴道内仍有较多的鲜红色排泄物流出，则预示产道可能有大出血，应用脱脂棉将阴道堵塞，迅速送往诊所治疗。

英国古代牧羊犬生产后有很多注意事项，需要主人细心照顾！

1 母犬的外阴部、尾部及乳房等部位要用温水洗净、擦干，更换被污染的褥垫及注意保温。

2 母犬产后因保护仔犬而变得很凶猛。刚分娩过的母犬，要保持8～24小时的静养，陌生人切忌接近，避免母犬受到骚扰，致使母犬神经质，发生咬人或吞食仔犬的后果。

3 刚分娩过的母犬，一般不进食，可先喂一些葡萄糖水，5～6小时后补充一些煮熟的鸡蛋和泡软的狗粮，直到24小时后正式开始喂食。此时，最好喂一些适口性好、容易消化的食物。最初几天喂给泡软的狗粮，也可以煮一些肉粥喂给它，少量多餐，一周后逐渐喂给较干的狗粮。

4 注意母犬哺乳情况，如不给仔犬哺乳，要查明是缺奶还是有病，及时采取相应措施。泌乳量少的母犬，可喂给猪蹄汤、鱼汤和猪肺汤等以增加泌乳量。

5 有的母犬母性差，不愿意照顾仔犬，可以适当强制它给仔犬喂奶。对不关心仔犬的母犬，还可以采取故意抓一只仔犬，并使它尖叫，这可能会唤醒母犬母性本能。此外，仔犬此时行动不灵，要随时防止母犬挤压仔犬。如听到仔犬的短促尖叫声，应立即前往察看，及时取出被挤压的仔犬。

6 做好冬季仔犬的防冻保暖工作。

哺乳期母犬的喂养管理

哺乳期间古牧母犬的护理

你知道吗？

为了刺激仔犬排泄，母犬必须用舌舔仔犬臀部。如母犬不舔，要在仔犬肛门附近涂以奶油，诱导母犬去舔。

母犬产后恢复期的护理

母犬产后即进入子宫的复旧、排出恶露的阶段。母犬的恶露是暗红色的，产后12小时以内可变为血样分泌物，数量增多，2～3周后则变为黏液样，大约经历4周，子宫复旧完毕，停止排出恶露。

注意在母犬的分娩和哺乳阶段，特别是分娩后的几周内，最好不要给母犬洗澡，因为洗澡的刺激有可能导致母犬停乳症的发生。

老年犬的饮食

保持体形

狗狗变老后，活动量会减少，且需的能量也会减少。所以，您需注意它的体重，并且在必要的情况下减少饲喂量以保持其体重正常。这对于一条老年英国古代牧羊犬尤为重要，因为身体的肥胖会增加对其心脏、肺部、肌肉及关节的压力。肥胖犬寿命相对较短。如您的犬患上肥胖症，兽医会为其开一张低热量的食谱。

少食多餐

一些犬随着年龄的增长，消化系统会衰退。这些犬不能充分吸收摄入的所有养分，而且体重会有所下降。在这种情况下，它们适合多餐少食。一些高营养的、易消化的食物是理想的选择。

食疗

改变它的饮食可能会有助于缓解一些疾病。如犬患有肾病，则应减少其磷及蛋白质的摄取量；如果患心脏病，则应减少其盐的摄取量。兽医会对犬的饮食提供合理建议。您还可以从兽医那里获得用于各种病症的处方食品，这些食品配制采用了专业的技术和经验。

你知道吗？

一些老年犬也许会患颈椎病，所以，在进食时，低头会有困难。在这种情况下，应该将食盘放到一个合适的高度，以便于狗狗进食。

水很重要

您需要为您的犬提供充足的水分。注意它的饮水量，如果突然增加，则需要寻求兽医的帮助。因为，这有可能是某种疾病的征兆，如肾病或糖尿病。

香喷喷的肝不是好食物

有些主人为了保持某些老年英国古代牧羊犬食欲，会用鸡肝、猪肝等给狗狗的食物调味，这是非常错误的。一方面，容易造成狗狗食欲减退；另一方面，因肝脏内含有大量的维生素A，多量摄入会引起蓄积中毒，造成肝、肾等主要器官的功能衰竭。其症状表现为厌食、精神不振、四肢无力、大量脱毛等。因此，给予老年英国古代牧羊犬的食物，最好是老年期专用食品，以保证狗狗老年期的健康生活。

如何保证老年古牧的健康

英国古代牧羊犬一般寿命为12年，而适宜的照顾可使患病的可能性减少到最小。适当的饲养、护理和充足的运动，可使你的英国古代牧羊犬健康且精力充沛，从而有效地延长它的寿命。

狗狗一般在8岁左右进入老年期，油亮光滑的皮肤开始松弛干燥，脱毛加剧，也不再有以往的光泽；另一特征就是由于肝脏和肾功能的衰退引起体重减轻。这时，最好每月为你的狗狗作定期的健康检查。

10岁以后进入掉牙的阶段，牙齿发黄，不再坚硬，嗅觉、听力、视力以及消化能力等各种能力明显下降。不再活泼，喜静少动。此时，狗狗的胃口不太好，应选择多餐少喂的办法。要准备充足的水，要让你的狗狗好好休息，注意保暖。

因此，针对老年英国古代牧羊犬的日常护理，要做好以下几个方面：

1．保持狗狗的整洁，定期给狗狗进行梳理，保持狗窝干燥暖和（尤其在冬天）。对于有皮肤病的犬，须及早治疗。

2．补充钙和矿物质。老年期的英国古代牧羊犬因内分泌等原因而造成钙质和微量元素的摄入量减少，流失量增加。这时，应为它们补充钙质和微量元素，并保持一定的运动量，减少骨质疏松和营养代谢疾病的发生。

3．老年犬需要更频繁地定期健康检查，这可以有效预防疾病的发生，也可以及时发现早期疾病，并采取适当的治疗措施。健康检查应该包括血常规、尿常规、生化全套、影像学检查（包括X光、B超等）。

4.对于其他一些系统疾病，包括骨骼和关节发生病变，都应及早治疗。另外，定期驱虫和每年的疫苗注射，控制传染病的发生，也是一项重要的老年犬保健措施。当然，犬生病时，要及时去兽医站或好的兽医诊所治疗。

5．老年英国古代牧羊犬常见的疾病有：关节炎、椎间盘突出、子宫内膜炎、乳腺癌、肾炎膀胱炎、糖尿病、高血脂高血压（肥胖综合征）、各种结石、胰腺炎、前列腺炎、各种营养代谢性疾病等，应对以上疾病多加重视，及时咨询兽医。

3 美容 Grooming

要拥有一只漂亮健康的英国古代牧羊犬也是一件不容易的事情。首先，主人不但要经常光顾宠物美容店，为可爱的宝宝作彻底的专业性的宠物美容，还要每天注意给狗狗梳理毛发，检查狗狗的皮肤、口、眼、鼻等。下面就来学习一些日常美容知识吧！

英国古代牧羊犬的日常毛发保护

保证毛发健康的日常梳理

英国古代牧羊犬是有着双层体毛的犬种。有两种类型的被毛：粗毛和短毛，都应有双层被毛。如果不经常梳理英国古代牧羊犬的被毛，那么，皮脂腺分泌的皮脂腺液会在皮肤和被毛上积聚，使被毛缠结，而这些被毛缠结形成的毛结又会滋生寄生虫和病菌，从而威胁到英国古代牧羊犬的健康。

应尽早让幼犬养成梳理习惯

小的英国古代牧羊犬，被毛很短，梳理前后视觉差别不大，但要是你认为没必要为小英国古代牧羊犬梳理，那就大错特错了！因为英国古代牧羊犬属于中大型犬，如果小的时候没有养成定期梳毛的习惯，长大后对于主人来说就很难控制它了！所以，主人要从英国古代牧羊犬小时候就开始让它熟悉看起来让人厌烦的梳理。对于那些进家门时就已经长大的英国古代牧羊犬，要尽早让它们熟悉、习惯日常的梳理。定期梳理被毛不仅可以清除死掉的毛发和被毛上的污物，而且对英国古代牧羊犬的健康也很有好处。它可以促进皮肤血液循环，加快新陈代谢，同时，梳理过程还可以检查一下英国古代牧羊犬的口、鼻、眼是否正常。

你知道吗？

英国古代牧羊犬是周期性脱毛。在换毛期（一般都在春秋两季），英国古代牧羊犬要掉大量的毛，这时就要更加仔细地刷掉褪下的毛，防止造成英国古代牧羊犬皮肤瘙痒、损伤，并且要及时清理这些梳下来的死毛。

梳理常用工具

◆木柄梳

可刮掉脱落的死毛，解开毛结。

握法：

一手轻轻按住要梳理的毛根部，另一手持梳柄，顺着狗毛发生的方向，由毛根梳到毛梢。切勿生拉硬拽。

◆梳子（排梳）

主要用于梳毛后的整形。

◆刮毛钢刷（针梳）

可刮掉脱落的死毛，解开毛结。

握法：

轻握梳柄，轻轻地刮。

英国古代牧羊犬的日常毛发保护

梳理方法及顺序

对于英国古代牧羊犬来说，因为拥有两层被毛，梳理起来比较费时费力，需要主人和狗狗的共同努力才可以顺利完成。但是，定期梳理毛发（最好是每天一次），不但可以避免毛结、静电的困扰，还可以增进主人和英国古代牧羊犬的感情噢！

梳理方法

梳理包括刷毛和整形两部分。一般先用木柄梳或刮毛钢刷刷遍全身，去除死毛和污物，称之为刷毛；然后，用梳子梳理、整形。

刷毛顺序：

①从左前腿的最低部位开始，用手把毛发掀起，刷下层的毛，沿腿向上顺着毛发生长的方向刷，一直刷到胸部。

②梳理臀部的毛发，再顺着背部和颈部梳理。

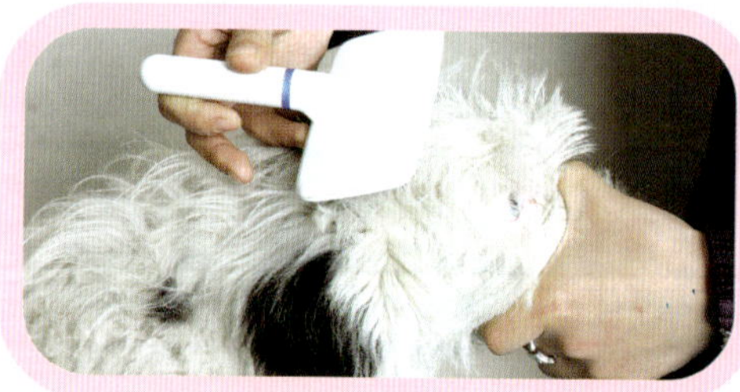

③梳理腹部时，可以让英国古代牧羊犬仰卧，这样比较容易。

④尤其注意梳理耳部的毛发，去除缠结。

⑤使英国古代牧羊犬侧卧，梳理腋下较容易打结的毛。

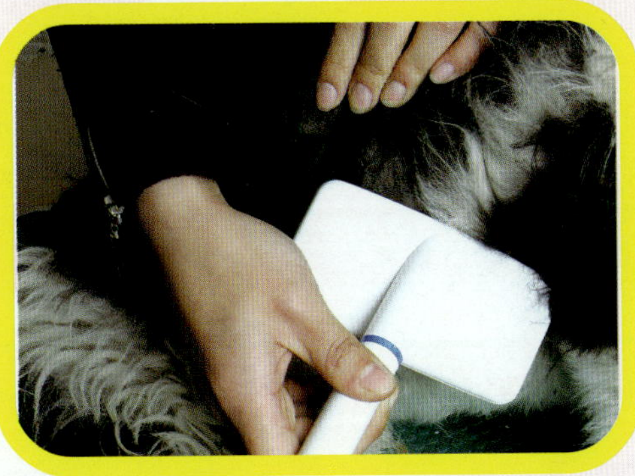

⑥刷后腿毛，方法同前腿的梳法。

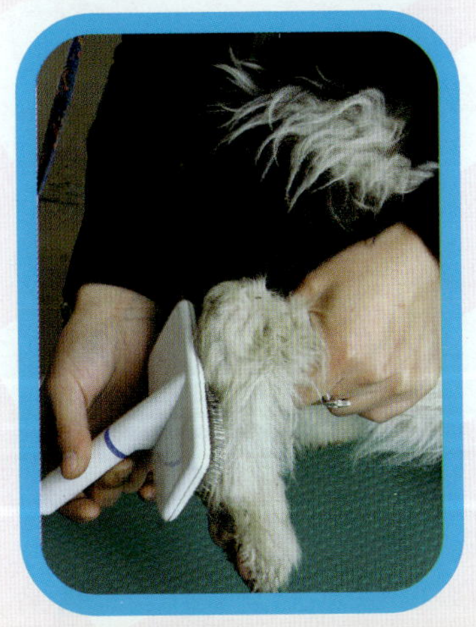

你知道吗？

在梳毛的时候一定要从底部开始，一层一层地梳通梳透。这样的梳理大约一周两次就可以了。如果英国古代牧羊犬的毛质较枯，就要选择一些可以“锁住”水分的用品了，也可以使用“护毛膏”等产品。

整形方法

下一步就是用排梳慢慢地沿顺毛方向梳理英国古代牧羊犬的毛发，注意先用粗齿梳一遍，再用细齿梳一遍。让美丽的英国古代牧羊犬去享受梳理吧！

英国古代牧羊犬的日常毛发保护

如何为古牧犬解“结”

如果好久没给英国古代牧羊犬梳理被毛，你就会无意中发现英国古代牧羊犬身上有些部位（特别是耳部、腋下）的毛已经纠结在一块。一团团的毛结想要打开必是件苦差事，这不仅需要你的耐心，还需要你家小英国古代牧羊犬的配合！解开毛结也是有很多技巧的，学习一下吧！

◆千万别弄湿毛结

英国古代牧羊犬的被毛弄湿再恢复干燥，就会像羊毛般的缩水，这样就更不可能把毛结梳理开。所以，要想顺利解开毛结，千万别让英国古代牧羊犬沾上水。不但不能洗澡，还要避免英国古代牧羊犬在潮湿的草地上打滚。

◆慢工才能出细活

英国古代牧羊犬的主人一定要有一百分的耐心来对付这些扰人的毛结，从毛发的末端用手指慢慢地把纠结的毛拨开。先把一团毛分成两束，两束再分四束……只要有耐心一定可以打开毛结，最后用一把梳子梳散毛发，就可告一段落。

开结时，先用齿梳从毛发发梢开始，慢慢移向发根，感觉解开毛结后，用梳子梳理顺畅即可！

只要养成每天为英国古代牧羊犬梳理被毛的习惯，就完全可以避免毛发打结。这样，你就不会因为解结而苦恼，古牧也不会为此而受解结的折磨！

你知道吗？

如果英国古代牧羊犬打结太严重，整理时，时间不要过长。每次梳毛最好不要超过10分钟，梳完休息时主人要称赞英国古代牧羊犬，适当给点零食、奖励什么的，这样有利于减少英国古代牧羊犬抗拒挣扎的念头。2小时后再继续解下一个。

如何避免“静电”的困扰

只要一到冬春两季，静电就成为我们生活的一大问题，现在连英国古代牧羊犬也逃不掉静电的困扰，脏乱的毛发、难缠的毛结……家里的英国古代牧羊犬会害怕被主人“电”到，离我们远远的，我们该怎么办呢?

静电带来的困扰

▲易产生毛结

以前说的是因为梳毛次数太少而产生毛结，因为毛发密集而产生毛结，其实还有一个重要的原因，那就是静电。缺乏营养的毛发在干燥的空气中因静电相互纠结，就会变得不可收拾，形成毛结。

解决办法：

采用高营养、有滋润作用的洗毛液。洗浴后，使用护毛素。护毛素会让英国古代牧羊犬毛发柔顺，从而降低静电的产生。每次梳毛前喷上抗静电液。

▲毛发易脏

空气干燥或毛发干燥时，空气里的灰尘和狗狗走动时带起的尘土很容易吸附在古牧身上，让干干净净的古牧羊很容易变成了脏宝宝。

解决办法：

出门遛狗前，给它喷上抗静电液。遛狗回来后再次喷上抗静电液进行梳理，可将大部分灰尘、死毛梳掉，清洁的同时也可减低毛结的产生。

▲家里和主人身上到处都是毛

没有营养的死毛离开英国古代牧羊犬的身体后变得更轻，就会“飞”得到处都是，从而轻而易举地沾在我们身上。

解决办法：

用具有防静电效果的梳子为英国古代牧羊犬做日常梳理，记得把梳理下的死毛收集好扔掉，避免死毛到处“飞翔”和沾在自己身上。

▲火花

摩擦起电的道理大家都知道，秋冬季空气干燥，英国古代牧羊犬的毛发和主人的衣物摩擦就容易产生静电。这样，主人在触摸古牧时会“啪”地电古牧一下，时间长了，古牧会以为主人在故意吓唬它，就不敢与主人亲近。

解决办法：

主人应该注意不要穿着易起静电的衣服，很多时候英国古代牧羊犬身上的静电都是与主人玩耍时，与主人的衣服摩擦生成的。作为主人尽量穿纯棉质地的衣服，让英国古代牧羊犬的亲近毫无戒心。

总之，为了防止静电的产生，我们要注意生活中的点点滴滴。同时也应注意，健康的毛发才是避免静电的根本，随时为英国古代牧羊犬的毛发补充营养才是“绝缘”的根本所在！

英国古代牧羊犬的眼部护理

眼睛很大程度上反映出身体健康状况。英国古代牧羊犬的眼睛小而且眼周围的毛浓密。所以，要经常检查英国古代牧羊犬的眼睛。每天要随时注意有没有眼屎，有眼屎时让其合上眼睛，用湿布或湿棉棒，由眼内角向外轻轻擦拭，不能在眼睛上来回擦拭。一个棉球不够，可再换一个，直到将眼睛擦洗干净为止。

定期滴一些眼药水（氯霉素）便可以防止眼部疾病。眼睛也是健康的窗口，如果眼屎跟平常的透明或干褐色不同、两眼结膜（眼白部分）泛红，或角膜（眼黑部分）有白斑、破损都是生病的征兆，应立刻就医。

泪斑的预防与清理

泪斑是由于大量的泪水和眼屎没有得到及时清洗，使眼睛下部的毛色变红形成的。泪斑一旦形成就很难再弄干净，所以要及时清理眼部污物，防止形成泪斑。如果已经形成泪斑，可以从眼角处滴入稀释的硼酸水或生理盐水；然后，用棉花擦拭泪斑，持续清理会逐渐使泪斑颜色变浅（如上图）。千万不要让我们漂亮的英国古代牧羊犬有一双“熊猫”眼哦！

主人往往只注意英国古代牧羊犬那美丽的外表，而忽视了很多事情，比如英国古代牧羊犬的口腔护理。牙口好，身体才好，主人绝对应该加强英国古代牧羊犬的口腔及牙齿护理！平时的牙齿保健很重要，因为当你发现爱犬的牙齿出现问题的时候，那就可能已经相当严重了。

英国古代牧羊犬和人一样，有长牙期、换牙期、牙齿成熟期。英国古代牧羊犬在3~5周龄时开始长牙，这时长出的牙叫乳牙。当英国古代牧羊犬长到第3~6个月的时候就开始换牙，这时长出的牙齿叫恒牙。换牙期间英国古代牧羊犬会表现出想啃咬硬东西的欲望，这有助于乳牙的脱落。

有关人士实验得出：狗狗得蛀牙的几率要比人的小，但是，它们较容易患牙周牙垢和牙结石等疾病，定期刷牙可以有效降低牙齿生病的几率。

可用犬用牙膏或纱布蘸盐水定期（1~2周一次）仔细地给英国古代牧羊犬刷牙，还可以用玉米粉来按摩牙龈。一般英国古代牧羊犬会不喜欢刷牙。所以，狗主人们最好在它们几个月大时就开始实施刷牙计划。开始试着用小纱布涂上狗专用的牙膏或是蘸稀盐水，在它们的牙齿上轻轻擦拭，让它们慢慢习惯，以后再换成狗专用的小牙刷。

第一次刷牙英国古代牧羊犬很可能会拒绝，要有耐心，还要及时给予奖励，让它逐渐熟悉刷牙，喜欢上刷牙！

身体各部位的日常护理

英国古代牧羊犬牙齿的护理

古牧为什么会口臭呢?

导致口臭的一个很主要的因素就是平日缺乏正确及时的清理，牙齿上积聚了发黄、甚至发绿的牙垢和牙石，它们会发臭，严重的会引起牙龈发炎、牙周病等。如果你在帮狗刷牙时它很不合作，那你可以买一些狗咬骨给它，会有一定帮助。也可以准备一些生的胡萝卜给它吃，英国古代牧羊犬在咀嚼的过程中，胡萝卜可刮走一些牙垢。

但有时英国古代牧羊犬口臭会是因为消化不良或身体内部出现问题造成。如果你发现自己的爱犬出现体重下降，饮水和排尿增多，呕吐，腹部肿胀，厌食等反常现象，那就可能是肝脏、肾脏有问题，也有可能是糖尿病，应及时带它去兽医处诊治。

你知道吗?

日常的饮食习惯对英国古代牧羊犬牙齿影响较大，尤其是湿狗粮（罐头、妙鲜包）容易令牙齿上积成牙垢，而干粮比较硬、松脆，英国古代牧羊犬在咬干粮时可顺便将牙齿表面刮干净一些。即使平时的日常护理做好了，犬主也应该定期（一年一次或两次）带狗狗去兽医处检查和做专业洗牙。

你知道吗?

把狗粮全天都放在狗碗里，让英国古代牧羊犬随时都可以吃到狗粮，这样做是不正确的。因为每次吃东西时口腔内的细菌会比较活跃，如果一天定时喂食两次，那么细菌就只会活跃两次。这样就可以减少狗狗患口腔疾病的几率了。

你知道吗?

如果英国古代牧羊犬拒绝刷牙，那就为其准备洁牙骨、犬用橡胶或棉制玩具。这样不仅可以洁牙，又能满足英国古代牧羊犬想磨牙的欲望，何乐而不为呢！

身体各部位的日常护理

耳朵的日常养护

古牧犬的耳朵里长有毛发，需要定期拔耳毛。

耳道构造：

英国古代牧羊犬的耳道呈“L”形，分泌物很容易附着在外耳道和弯处，若不定期清理，很容易产生病变。耳道的环境从温度、湿度等条件上都非常适合微生物的繁殖，容易滋生细菌、真菌等病原，致使耳道发炎、耳垢腺发炎、耳道增生、耳道皮肤化脓，甚至发展至中耳炎和内耳炎。如果不注意清洗耳朵，在短短的2个月时间内，双侧耳道就能因为外耳道皮肤增生而发生完全堵塞。因此，从小养成清洗耳道的习惯对于英国古代牧羊犬的耳道疾病预防至关重要。

主人要定期检查爱犬耳朵的气味、炎症和耳垢的堆积情况。小狗一旦感染耳疾，会表现出经常摇头、抓耳、耳道有刺鼻气味等症状。

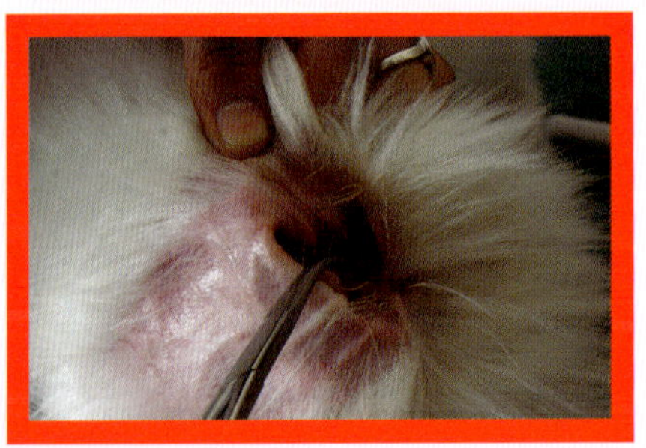

你知道吗？

清洁耳道时绝不可以使用酒精或水，因为如果耳道内的水没有完全擦干，很容易使耳道发炎出现病变，应使用宠物专用的洗耳水或滴耳油。

如果你发现你的古牧出现以下其中任何一种异常，请你带它及时去动物医院：

◆耳道内异常分泌物增多。

◆耳道很臭。

◆耳道黏膜变湿，发红。

◆英国古代牧羊犬经常挠耳朵，甩耳朵。

◆按压耳根部，正常应该是柔软的。如果发生增厚、变硬，甚至钙化，那么，它的耳道肯定已经因增生而堵塞。

◆按压耳根部，如果发现你的古牧躲避，很敏感，明显疼痛，并且尖叫。

◆测试你的古牧，发现听力不正常。

如何清理耳道？

1.翻开英国古代牧羊犬的耳道，用手压住，让耳道内的毛能清晰地露出来，用蘸有滴耳油的棉棒清理耳垢。

2.向耳内滴入耳朵清洁剂或耳粉。

3.松开英国古代牧羊犬的耳朵，轻轻从外部按摩耳部，使清洁剂或耳粉彻底遍布耳道。

4.按摩后放开犬头，它就会自己甩耳朵，甩出大部分药，这样就不用再费力地掏耳道内残留的药水。

5.用棉签擦拭耳道内部，但不要伸入太多，以免伤到英国古代牧羊犬的内耳。

6.用棉巾擦拭英国古代牧羊犬的外耳。

剪趾甲和修剪脚底毛

定期为英国古代牧羊犬修剪趾甲对于那些活动量少、养在户内的英国古代牧羊犬是必要的，平均一到两周就需要检查一下了。趾甲如果长得太长，很可能倒刺入掌肉中。英国古代牧羊犬在走路、活动时会感到疼痛，出现弓背走路，甚至不愿意走路，严重时可导致掌肉发炎。

★趾甲的构造

英国古代牧羊犬的趾甲呈半透明状，透过光可以看到红色的血管。剪趾甲时，千万不要剪到血管的部位。

★工具：指甲钳、刀

★指甲钳的使用方法

一只手握住英国古代牧羊犬的脚部，并仔细确认趾甲剪下的部位，迅速剪断趾甲；然后，用锉刀将趾甲修成圆弧形。如果不熟悉，可以采取渐进式一点一点地剪，比较安全。

如果不小心剪到血管处，应立即将止血剂涂抹到伤口处止血。

你知道吗？

洗完澡后，英国古代牧羊犬的趾甲变软，比较容易剪。

★脚底毛的修剪

英国古代牧羊犬的脚底长有绒毛，加上脚底容易出汗，长时间不处理、修剪，脚底毛很容易缠结在一起。这些多余的脚底毛在外出遛狗时还很容易沾上脏物。英国古代牧羊犬在玩耍时，脚底毛过长或过多，也会使其容易绊倒受伤。所以，一定要定期为古牧修剪脚底毛。

★工具：剪刀或是便携式电剪

方法：一手用手指小心地将英国古代牧羊犬的脚趾掰开，露出脚底毛，小心地拿小剪刀或家庭用便携式电剪去除多余毛发，注意千万不要让刀尖扎进趾肚。如果古牧反抗，可以先停止修剪，因为英国古代牧羊犬挣扎时更容易受伤。脚底毛不要修剪得过短，只要和脚底平行就可以了。

不容忽视的肛门腺清理

肛门腺分布在肛门的两侧，里面积聚了肛门腺分泌的液体，这种液体可发出浓烈的臭味。如果不及时清理，液体就会越积越多，形成囊肿发炎。

当你可爱的英国古代牧羊犬在地板上蹭屁股，或是总咬尾巴、屁屁时，你就应该检查一下它的肛门腺了。

1. 准备好小剪刀和吸水纸。

2. 用小剪刀清理（剪掉）肛门周围的毛。

3. 将食指和拇指放在肛门两侧，轻轻挤压感觉坚硬的腺体；然后，向上向外挤压使液体排出，排出的液体有的像牙膏那样浓，有的和水一样清。

如果液体挤不出来，而且感觉到肛门腺是硬的，就要带英国古代牧羊犬去宠物医院检查。

你知道吗？

古牧犬在浴缸里洗澡时，由于肛门浸入温水，古牧比较放松，皮肤就会变软，肛门腺较容易清理干净。

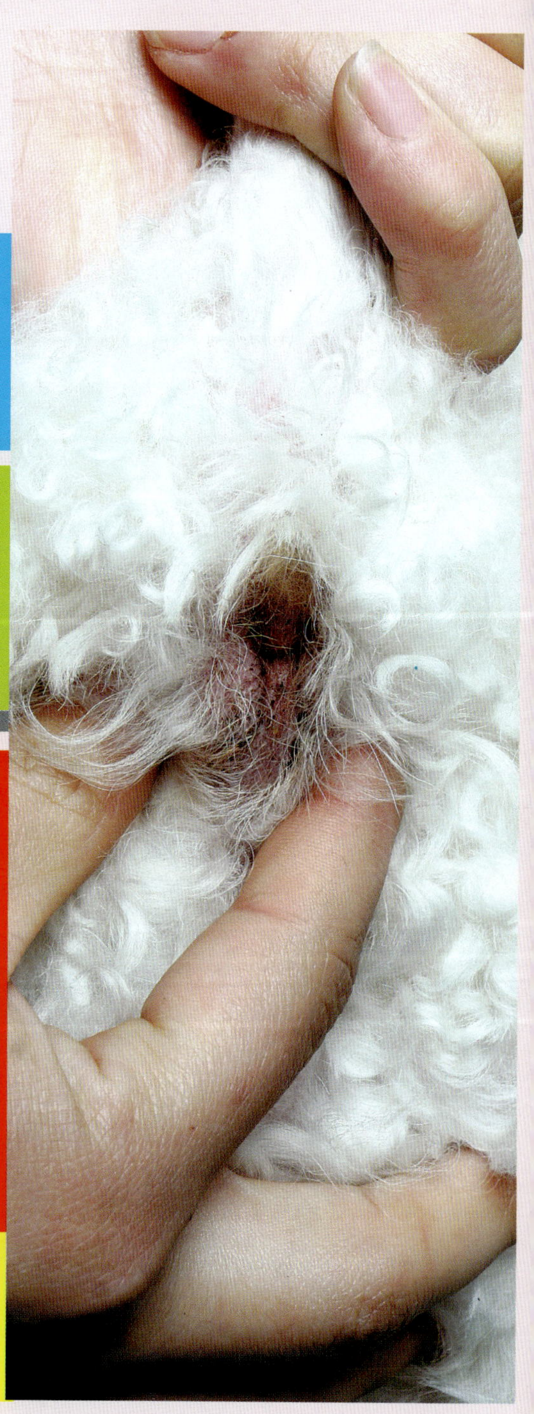

英国古代牧羊犬的洗澡

日常洗澡需要准备的用品

给英国古代牧羊犬洗澡是日常生活的一部分，每个养狗的人都知道要给英国古代牧羊犬洗澡，对于美丽的英国古代牧羊犬，保持美丽的毛发，洗澡更是必不可少！很多人为了保持英国古代牧羊犬毛发的漂亮蓬松，频繁给它洗澡，这对英国古代牧羊犬来说一点都不好！由于在洗澡过程中使用的洗发剂肯定会把犬毛上的油脂洗掉，洗澡次数过于频繁，就会使犬毛变得脆弱暗淡，容易脱落，并失去防水作用，使皮肤变得敏感。而且，如果冬季家里温度低时频繁洗澡，还易引起感冒或风湿症。通常，室内养的英国古代牧羊犬夏季每周洗一次澡，冬季每两至三周洗一次澡即可，在南方各省由于气温高、潮湿，可以1周左右洗一次，再频繁就不好了。由于英国古代牧羊犬的被毛厚，在家洗澡如果没有专业的吹水机或宠物专用的吹风机，很难将英国古代牧羊犬的被毛吹干。建议：定期带狗狗去专业的宠物美容店洗澡、做专业的宠物美容护理！

那就不需要在家洗澡了吗？也不一定噢！目前大家常用的是用干洗粉进行干洗。方法如下：局部干洗

1. 均匀地将干洗粉洒在被毛上。

2. 用手轻轻地揉被毛，使干洗粉彻底和被毛接触。

3. 用木柄梳将被毛梳开。

这样既可以去除英国古代牧羊犬体表的污物，又可以使可爱的英国古代牧羊犬变得“香”起来了。

洗澡前的准备：

★ 梳理全身毛发，解除毛结。

★ 棉花塞入耳内，防止耳道积水。

★ 浴缸内放入防滑垫（一般选用橡胶垫），防止犬洗澡过程中滑倒。

★ 调节水温，一般春天为36℃，冬天以37℃为最适宜。

虽然学习了英国古代牧羊犬的干洗方法，但是,狗狗的洗澡方法还是要了解的！现在就来了解一下英国古代牧羊犬洗澡的常识吧！

洗澡一般用品：犬用浴液、犬用护毛素、吸水毛巾两条（吸水性能强的毛巾也行）、棉花、电吹风。

正确的入浴方法如下：

1.从英国古代牧羊犬的后腿开始慢慢地喷淋，使英国古代牧羊犬适应水。水势开始时可以小一点，让英国古代牧羊犬完全放松，顺势检查肛门腺。

2.逐渐淋透身体的每一个部位（尤其要注意尾巴、腹部、耳后等细小部位），用海绵擦拭面部，防止水流入眼睛。

3. 用犬用浴液涂遍全身。

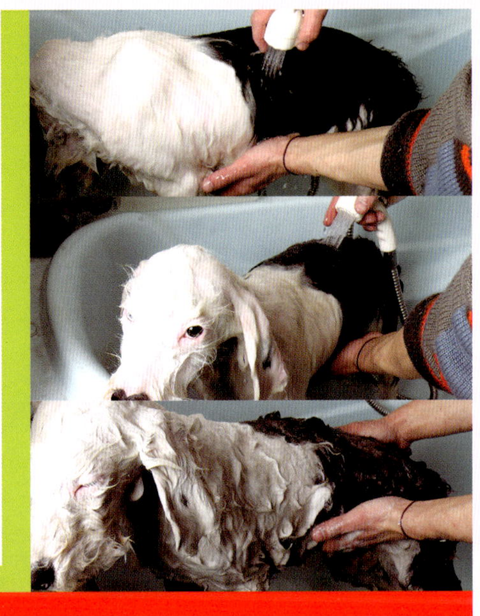

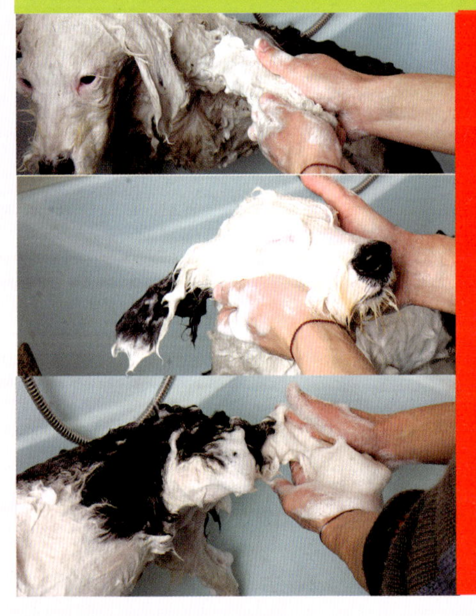

4.用手指揉搓起沫，按摩全身。

5.用手指捏住耳朵，轻轻揉洗耳后，切记不要洗耳朵内部。

6. 趾缝的毛较容易藏有污物，要仔细清洗。

英国古代牧羊犬的洗澡

7. 英国古代牧羊犬的尾巴也要仔细清洗哦！

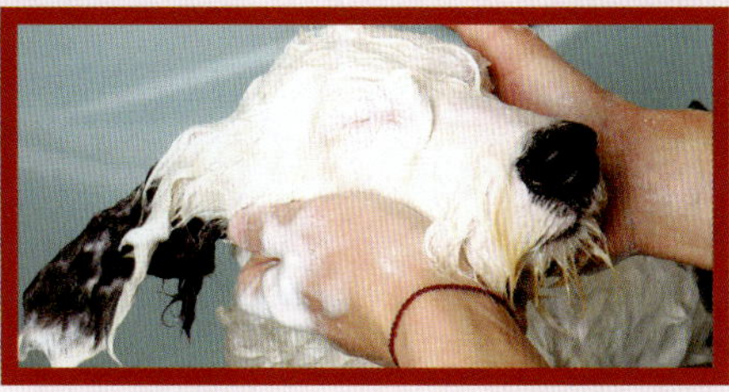

8. 将少量浴液涂在海绵上，轻轻擦洗脸部。

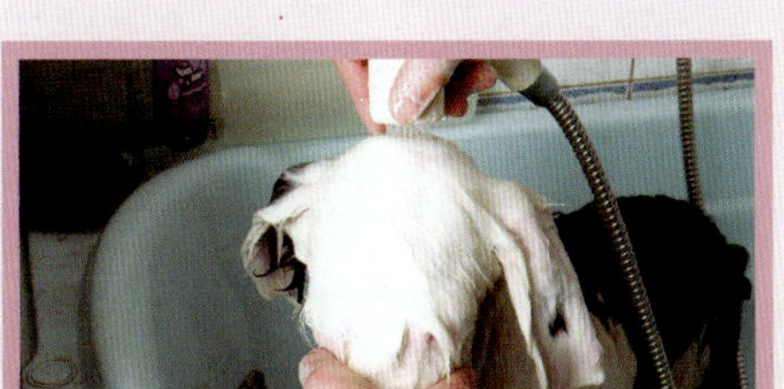

9. 从头至尾彻底将浴液冲洗干净。

10. 将护发素涂遍全身，重复4、5、6、7、8、9的步骤。

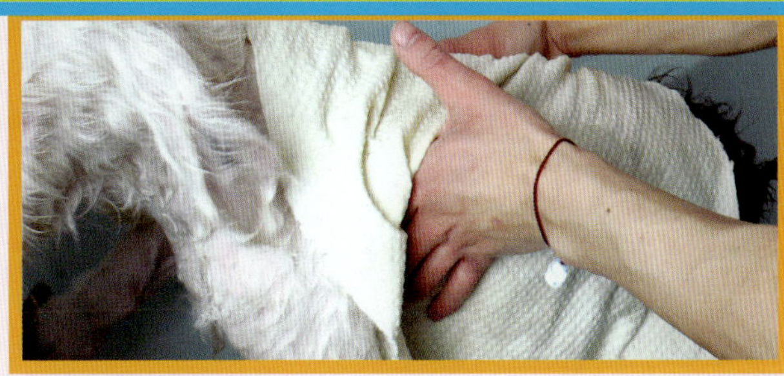

11. 将被毛的水分拧干。

12. 让英国古代牧羊犬甩干身上的水，这时要有准备哦，水会四处飞溅的。

你知道吗？

给英国古代牧羊犬洗澡一定要用专用的洗毛香波，因为英国古代牧羊犬的皮质及发质的酸碱度与人类的不同，犬用的浴液是弱酸性，而人们用的则是弱碱性的。

洗澡时一定要防止将洗发剂流到犬眼睛或耳朵里。冲水时要彻底，不要使洗发剂滞留在犬身上，以防刺激皮肤而引起皮肤炎。

你知道吗？

使用吹风机时千万不要对着脸吹。因为古牧对吹风机本身和它所发出的声音都很陌生，会感觉害怕。可以用毛巾包住古牧的头部操作，减少古牧的恐惧心理！

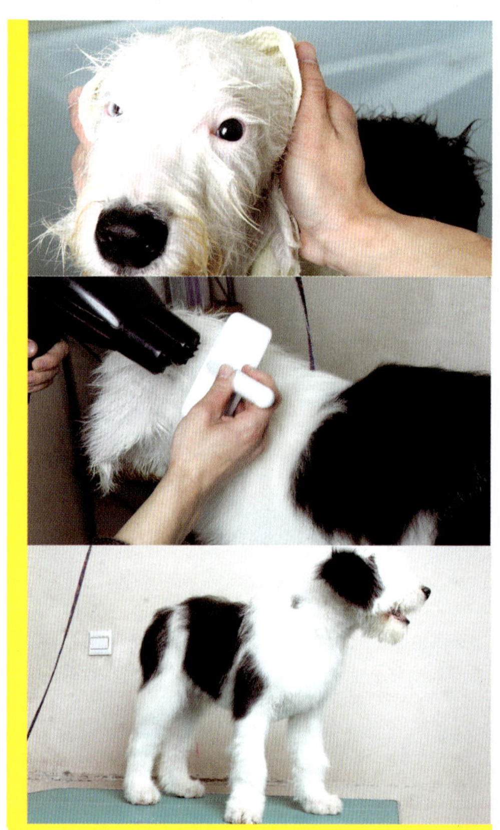

13. 先用吸水毛巾将英国古代牧羊犬的头部擦干，这样可以使古牧感到舒服。

14. 一边梳毛一边用吹风机吹干，一定要将里面的绒毛吹干。吹时小心不要让热风烫伤皮肤。

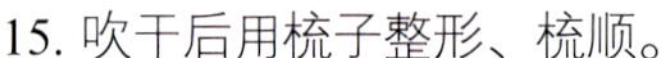

15. 吹干后用梳子整形、梳顺。

我们漂亮的英国古代牧羊犬就此打造完毕。

洗澡前★

洗澡后★

英国古代牧羊犬是一种具有较好服从性的犬种，但因为可爱的外表，常常被主人惯坏。一只惯坏的成年古牧还是很危险的，它的大体形，常常对主人和其他人造成伤害。因此，在狗狗小的时候，就要进行适当的训练，让它更适合家庭生活，做只优秀的伴侣犬！

4 训练

Old English Sheepdog

Training

家庭规则的建立

训练中主人要把握的原则

每个人训练英国古代牧羊犬的方法都可能有所不同，谁也不能断定自己的训练方式是最好的，但训练中要把握的原则却是一致的。主人需逐渐了解古牧的行为，找到有效的训练方法．不能制定很多古牧根本不能做到的家规，或者对它提出无理要求，或提出的要求反复无常。教它明白什么可以做，什么不能做，使它变得乖巧听话，能更好地适应家庭生活。

训练古牧不可急于求成，我们必须时刻牢记以下几点：

△用一种能让古牧理解的方式来训练它。

△必须坚持不懈、持之以恒。

△必须始终做狗的主人，而不能让它牵制你。

△必须耐心训练，训练过程中应尽量给予表扬和鼓励。避免批评和消极的纠正。

△如果古牧发生异常反应，请先检查自己的行为，主人的一言一行对狗的影响很大。

△全家必须制定统一的原则，训狗口令要求一致，切忌因口令众多而让古牧无所适从。

△口令要简短明了，训练时最好带有手势，这样会达到事半功倍的效果。

△每次训练时间不要超过15分钟。

训练古牧是个循序渐进的过程，可分为几个训练层次。

你知道吗？

3个月大时便可对古牧进行初级训练，比如坐、握手、趴下、过来等。当然，这时的古牧还是幼犬，刚刚接触社会，社交比较少，还需要您耐心训练巩固。

家庭规则的建立

做古牧的领导者 树立主人的形象

做爱犬的领导者，便于构建双方的健康关系，让爱犬信赖你，衷心服从你，对爱犬关心并严格要求自己。

狗原本就喜欢群居生活，十分重视阶级次序，常按照群体中的上下等级行动，跟随比自己强大的狗，统领全军的领袖有强大的威信，令众犬有依靠，感觉更安全，众犬服从领袖是顺理成章的事。所以，主人只有成为古牧的统治者，让它明白这种上下级关系，才能更好地控制它。

其实很多情况下，主人在训古牧时，古牧也在不断地试探主人的忍耐程度，就像在训主人。比如古牧想要进某个房间，就会不断地挠门，我们就会忍不住让它进去；又如它做了不该做的事情，它会装得很无辜，试探你的原谅，让你心软，不忍心责备它。因此，主人要对它不正确的行为做出正确的反应，不能放纵它们；否则渐渐地它们就会支配你，牵制你。因为狗永远是那么的聪明，在你的纵容下，它就会得寸进尺，一步步登上统治者的地位。

要想在古牧心中树立领导者形象，必须注意以下几点：

①用足够的时间陪伴它。

有效的交流是双向的。古牧本身非常喜欢人，只要你和它多多沟通和相处，它们很快就会把你当作主人的。

你希望古牧理解你，但你又理解它多少呢？许多主人亲身体验到对狗缺少了解而在训练中带来的障碍。你只有通过与狗的交流来加深彼此的了解，你的古牧和你相处的时间越长，你就能多读懂它的一些肢体语言，这为将来的训练奠定了基础，也能防止潜在问题的出现，避免狗养成不良习惯。

②精心照料爱犬并保持清洁卫生。

古牧有着很厚的被毛，需经常给它梳理体毛，洗澡，让它真实地感觉到你的细心，感觉到你很关心它，很爱它，这样，可以让狗习惯被抚摸身体的每一个部位，以后调教时也比较容易。另外，清洁按摩皮肤还可以促进血液循环，提高皮下肌肉机能。

③调教古牧时始终保持平和的心态。

训狗时，不能因自己的心情忽而娇宠爱犬，忽而训斥爱犬，这会让狗感到困惑。要始终运用愉悦的、鼓励性的、友好的、兴奋的、激励的语气表扬它所做的动作。

家庭规则的建立

正确地奖励和惩罚爱犬

学会如何奖励爱犬

适时表扬和奖励古牧，可让它更快地了解什么是正确的行为，什么是它应该做的。

古牧的个性活泼好动，调皮捣蛋。所以，在调教时，表扬和鼓励是非常重要的。因为奖励和表扬在某种程度上是鼓励古牧继续练习。但是，表扬和鼓励要有分寸，要得体，要适时，要与它的行为同步，若滞后表扬，古牧会不明白你为什么表扬它。

如果它的行为不是主人所期望的，或是不正确的，主人不可过分责备它。这样，狗会对你们彼此间建立起来的互相信任的关系产生怀疑。

所以，在调教过程中，无论古牧取得的成就大小或进步快慢，都要适时给它一定的表扬和鼓励，以巩固和扩大它所取得的成就和进步。

奖励的方式

* 你可微笑并友好地表扬它（如：好、不错、真棒）、轻抚它。

* 和它玩游戏或给它最喜爱的玩具玩。

* 奖励它喜欢吃的食物。

你知道吗？

训练中使用的玩具应与狗的其他玩具区分开来。

不能很快地让狗吃掉奖赏食物，否则它会忘掉它为什么会得到奖赏。

爱抚狗时，狗会觉得很惬意，主人应边夸奖它，边抚摸它。

学会如何惩罚爱犬

惩罚是用以纠正不适当行为的，只要运用的方式及时正确，应用在禁止爱犬某一项行为时，是相当有效的。

古牧服从性极低，相当自我。所以，在调教时，并不是那么容易得心应手。惩罚并不意味着是痛打或狠骂它，古牧对疼痛的忍耐程度比人强很多，早期的古牧被用于载重、拉雪橇等。它们从不畏惧疼痛。所以，用“打”来惩罚它是无济于事的，反而会给狗狗造成心理上很大的负担，破坏主人与狗之间的亲密关系。

要想惩罚它，你可以

[1] 不理睬它，或把它带到一个空房间，关一会儿，让它感受孤独，让它意识到以后如果这样做（或有这种行为）是不对的。

[2] 抓住它脖子上的软肉或者项圈，看着它的眼睛，同时，坚定地说“不”。

家庭规则的建立

排便的训练

通过排便训练，你可以和你的爱犬共同拥有一个舒适的室内环境。

古牧像个毛茸茸的大熊，可爱异常，再加上聪明忠心的个性，让人一看就喜欢。但是，如果让你看到它到处排泄，导致他人嫌弃，你恐怕也会厌烦吧。所以，从古牧进你家的那天起就要训练它上厕所，除了在它做对时给予奖励来加强这项行为外，另一个秘诀就是预知古牧的排泄时间和便意征兆。狗通常会在散步、吃东西、喝水或玩耍之后，或者在您不提防的时候排泄。若想要使之训练有效，就得仔细观察它的进食、饮水情形，并且设置一个安全区，也就是古牧绝对不会在此排泄。最理想的安全区，就是它的窝。如果家里没有狗笼，那就尽量让小狗在浴室或是洗衣房中便便；如果让古牧独处时，一定要将其限定在一定区域内，铺上尿垫和报纸。这样，便于粪便的收集和清除，减少狗因吃自己的粪便而感染的可能性。

排便的训练方法：

1．在狗的卫生区放上狗厕所，最好放在交通便利的门口。如果狗有便便征兆，立即指引走向狗厕所，让它明白可将便便拉到狗厕所里，并给予表扬。

2．待狗熟悉狗厕所或报纸后，如狗有便意，打开门，示意其到狗厕所或报纸处，及时给它表扬。

3．最后逐渐将狗厕所移至你想让它方便的地方。

训练狗上厕所是需要耐心和恒心的。另外，要掌握好狗方便的时间，一般在下面时间内，你多加注意：

◆清晨起床后◆嬉闹之后◆午睡之后◆吃食后

便意征兆：

★ 狂嗅或钻进床底下。

★ 小圈打转，扭动屁股，或塌下腰站着不动。

★ 坐立不安或刚要抬起右腿。

★ 嘴里咕噜噜地来回转。

要点：学会识别古牧想排便的征兆。

在它准备排便时，说出“上厕所”之类的话。

在户外排便时，应经常给予表扬和奖励。

偶尔在室内排便，不要严厉责怪它。

确信它整晚都不排便后，再让它回去睡觉。

服从训练

SIT DOWN

坐下的训练

“坐下”命令可以在与客人打招呼、给狗做清理或给狗带项圈时使用。

你可以用食物引诱古牧让其“坐下”

1.找一块古牧爱吃且大小适中的食物，不要选太硬的食饵，这会让古牧嚼起来费劲，而且会花上很多时间，使得训练的进度过于缓慢。

2. 坐在小狗的面前，把食物放到它鼻尖。

3.拿着食物的手慢慢移到它的头顶，不要把食物移得太快，以免它一时找不到食物在哪儿。

此外，也不要把食物举得高过它头顶，否则古牧可能会试着用它的两只后脚立起来，而不是坐了。如果古牧想跳到你身上，或扑向食物，就用平常的语调跟它说“错了”，并且把食物快速地收回来。

4.如果狗的视线一直紧跟着你的手，呈现坐下的姿势，当屁股着地时，立刻对其说“坐下”的命令，语气同样要平和。逐渐延长坐的时间。

你知道吗？

服从训练就是让狗听从主人的命令，学习一系列特定动作，如坐下、卧下、前来、等待、随行等。通过这种训练不仅能顺利地给狗刷毛、洗澡、修剪趾甲，还会让狗狗和主人更愉悦地相处。

你也可协助古牧完成“坐”的姿势

1. 左腿固定住狗，右手抓住颈圈，左手抚摸狗，依次抚摸它的背部臀部，平和地对它谈话。

2. 继续抚摸至尾巴根部，轻柔地让其坐下并将颈圈轻微向后拉，不断表扬和奖励它，让它得到肯定。如果你的古牧在蠕动或起来了，别惩罚它，其实它在学习接纳。

3. 在学做“坐下”的动作时，你要友好平和地下“坐下”的命令。始终用同样的语气语调命令狗，重复“坐下”的动作。

4.左手握住颈圈，右手示意其“坐下”。慢慢延长坐下的时间，并给予奖励。

服从训练

趴下和等待的训练

趴下的训练

“趴下”命令适用于给古牧做清洁、体检的时候，也可让其保持安静。

您可用食物引诱它趴下：

1．用左腿抵住坐着的狗，左手拇指扣住项圈，右手拿着食物，放到狗的鼻尖。

2．慢慢地把食物移到狗的前爪，狗的眼神会追随食饵。

3．当狗呈现“趴下”的姿势时，才把手放在狗的背颈上引导它，发出“趴下”的口令，完成动作后就给予表扬和食物鼓励。

4． 左手放在狗的颈背以防止其逃跑，右手示意“趴下”手势，同时发出“趴下”的命令，逐渐延长趴下的时间。重复这个动作，动作正确就奖励。

您也可以协助它趴下：

1．让爱犬坐下，主人站在它的后面环抱着它的后背，保持坐着的姿势。

2．双手抓住它的前腿，稍稍往上抬。

3．将抬起的前腿慢慢往前移，一边命令它“趴下”，一边继续向前移动它的腿，直到爱犬的腹部贴到地面为止。

4．如果爱犬做到“趴下”就给予奖励和表扬，逐渐让它保持趴下的时间。

等待的训练

等待的命令可制止狗的行动，控制狗的兴奋和冲动。

1．让古牧坐下，用食饵吸引它的注意力。

2．当古牧就要坐不稳时，可将手举过狗的头顶，并说出“等着”的命令。

3． 当它坚持坐一会儿后，要给它表扬和奖励。

4．解除坐姿之后，重复等待的动作，训练过程中要给予充分表扬。

服从训练

过来和随行的训练

过来的训练

过来的训练目的主要是让狗在主人的指挥下，听到口令后能迅速地回到主人的身边。这对带狗外出散步非常重要。

1.让古牧坐下。

2.你往后退一步，并对小狗说“过来”。

3.把食饵放在你脚下，且确定古牧看见食饵了。

4.古牧此时应该会起身走过来，想要吃食饵。

5.在小狗的嘴碰到食物前，对它说“好乖”。

6.逐次延长古牧坐着不动的时间，及食饵与它的距离，使它形成记忆。

注意：开始训练时，要在安静的地方，然后逐渐带到较喧闹的地方训练。

随行的训练

训练古牧学会“随行”，目的是要养成狗根据主人的指挥，在散步或外出等任何时候都不能随心所欲地朝其他方向走，而是要它紧紧地跟在你的身后，或与你并排前行。

1. 待古牧坐在你身旁时，你做好开始训练随行的动作，必要时可抓住狗的项圈，让狗保持状态。

2. 呼唤古牧的名字，让它集中精力。当你向前出发时，拍一下狗在你那侧的腿，让它走到你身边，对它说“跟着”的命令。记住，只有狗在正确位置，才给出“跟着”的命令。

3. 狗跟着的正确位置是狗不能超出也不能慢于主人。从正面看，古牧和你是并排走的。

注意：古牧天性喜爱奔跑，而且常常会因为外界的新鲜与好奇，而忘我地到处乱跑。所以，建议你在带古牧外出散步时，为了安全起见，还是用牵引带把它牵好，以免后顾之忧。

错误行为的纠正

扑人

扑人是爱犬的坏习惯。如果你总以为它扑你是对你亲近，一味纵容它，很有可能让它误以为自己是领导者。

爱犬撒娇或者希望你和它玩耍时就会扑人。对它们来说扑人是它们友好交流的一种重要表现。古牧这种超级喜欢人类的狗狗更是对扑人情有独钟！你和它之间的高度根本不是问题，它们会跳起来够你的脸。和大多数习惯一样，扑跳的习惯也是从小就养成的，这对爱狗的人来说，也许习惯狗的这种问候动作，但也许客人会讨厌它的扑跳。如果你的古牧有扑跳的坏行为，应立即训练它改掉。

纠正方法：

一旦你发现古牧有扑跳的意图，转移它的注意力非常有效。你也可以对它发出“坐下”的命令，只有当它的四脚都趴在地上时，才给予奖励。如果它跳起来了，你要静静站在那里，或转身，不要理会它，让它感觉到这样做没什么乐趣，得不到奖赏。或待它扑过来，用力握住它的前肢，或踩它的后脚让它感觉到疼，它就会想逃开。千万不要拍打或推开你的古牧，要记住任何形式的接触对它来说都是一种奖赏。

错误行为的纠正

偷吃和拣食

狗为什么要偷吃食物呢?

觅食是狗的本能，它们还有不想浪费食物的本能。狗的味蕾比人少，所以对于食物的概念与人大相径庭。它们不知道什么有毒，什么东西不能吃，就算是一块腐肉或一堆臭垃圾，它们也不会放过。有时狗还喜欢吃草食动物的粪便，因为里面含有它能消化的营养。对于这样的坏习惯，一定要纠正。

另外，狗偷食往往不是出于饥饿，而是出于无聊。长时间缺乏刺激源，它们就会偷食来消遣一下。

如果你的古牧有偷食和拣食的习惯，你该如何纠正呢?

纠正方法:

在古牧的脖子上带上项圈，并系上牵引绳，在家里四处转转。如果古牧接近食物，就拉紧牵引绳，并发出“不”的命令，对古牧进行服从训练是唯一可行的办法。

把食物放在古牧能看到的地方，它一旦去抢食物，立即发出“不”的命令，不要奖励它，因为一次食物奖励可被古牧永远地记住。

当然，预防问题总比解决问题强。为了不让你的古牧养成偷食或拣食的坏习惯，你最好将家里所有美味的食物锁起来。如果家里有小孩的零食，那预防起来就比较麻烦。这种情况下，预防的最好办法就是在小孩吃饭时，把古牧先赶出去，待打扫干净后再让狗进来。不要认为只要在食物上撒上刺激性物质就能阻止古牧偷食，这是在浪费时间。可能有的狗闻到刺激性气味就走，但它会继续寻找其他的食物源，有的狗它是什么都吃的。

咬手指

许多小狗都有轻咬主人手指的习惯，许多主人不以为然，甚至还觉得这是狗对你亲密的表现，主动将手指放进狗的嘴里。可能主人习惯，但如果家里来了客人，不等于你的客人就能忍受小狗的这种行为。所以，如果你的古牧也有咬你手指的习惯，不妨从现在做起，帮助它改掉这种坏习惯。

纠正方法：

帮助古牧改掉咬手指的坏习惯，最有效的方法就是转移它的注意力，把它的注意力转移到其他它可以咬的上面。如果它坚持咬你的手指，你要及时用坚决的语气对它说“别动”，并不要去理它，让它从中找不到丝毫乐趣。如果狗停止咬了，你要及时给它表扬和奖励。

记住：当古牧咬你的手指时，你不要突然对它大嚷大叫，这样会吓着它。你也不能推开它，这会让狗以为你在和它玩耍，它会变得更加疯狂。

狗本来就是喜欢群居的动物，它忍受不了独处的生活。你可不希望邻居整天跟你抱怨你不在家时你的爱犬一直吠叫，哀号；你更不愿意看到你不在家时你的爱犬自残或破坏家具吧；也不愿意回家之后看到你的爱犬正咬着你的拖鞋或看到它满地的大小便吧。狗做出破坏性行为的原因有很多：

＊ 犬完全依赖你，导致心理有不安全感。

＊ 主人过分溺爱，总满足它心理需求，使得它不能独立。

＊ 无聊，没有刺激源，它就会自己找些玩具来玩。

＊ 狗喜欢用咀嚼的方式来探索世界是很正常的行为。

＊ 分离、焦虑和不安，没有学会独处的狗，在主人离家时可能会采用极端手段来缓解自己的精神压力，这些行为有时还伴随着大小便、狂吠等。

解决方法：

刚开始时，你可以先离开几分钟就回来，等古牧慢慢适应后再逐渐延长时间。或在你离开时，给它准备好能够长时间吸引它的玩具，如装入小点心的玩具。你也可以打开电视机，收音机等，保持与往常一样，这样可让它安心。你外出时，不要和狗告别，这会勾起它的不安，你要装得跟回家一样。你离家前，喂饱它，让它昏昏欲睡；或训练它，让它筋疲力尽直犯困。

当然，预防的最好办法就是教会你的狗学会独处，让它从小养成独处的习惯，比如让它习惯单独留在笼子里。

狗本来就是喜欢群居的动物，它忍受不了独处的生活，这需要人理解，但你不会希望它拿无法忍受孤独当借口，在你回家之后让你看到它正咬着你的拖鞋，或看到它满地大小便吧。

错误行为的纠正

独自在家搞破坏

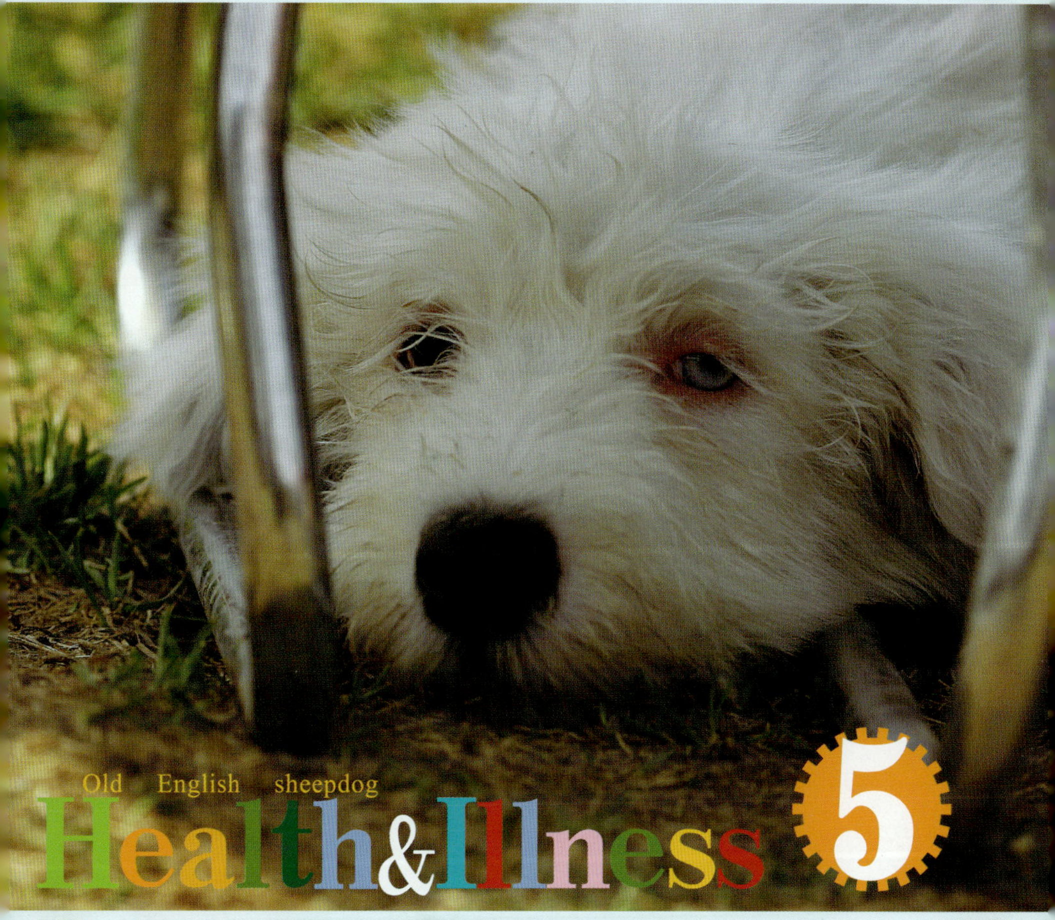
Old English sheepdog
Health&Illness
5

健康与疾病预防

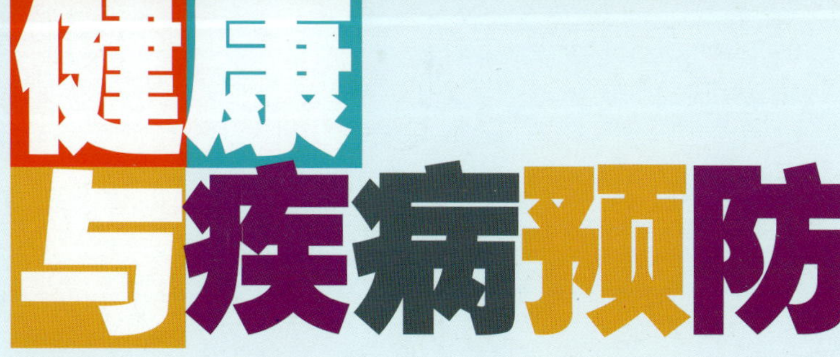

英国古代牧羊犬的健康指标

健康古牧 各项身体标准

体温应保持在37.5～38.5℃范围内　　呼吸数为每分钟15～30次
心率在每分钟90次左右　　体重为27～34千克

1．耳朵小巧且紧贴头部。

2．两眼间距大，眼睛明亮有神、干净无眼屎，结膜呈粉红色。

3．鼻头潮湿发凉（睡觉时稍干），鼻孔周围洁净无分泌物。

4．口周围洁净，口内无异味，黏膜（牙床和舌等）湿润、光滑呈粉红色。

5．牙齿洁白（4～6月幼犬乳牙脱落长出永久齿）整齐，咬合正常。

6．四肢完全被毛覆盖，前肢直，后肢肌肉发达。

7．足部小且圆，坚挺，脚尖相当隆起，肉趾厚且坚硬，狼爪必须去除。

8．被毛粗且长，但不弯曲。

9．体格骨架强壮，肌肉结实。

体温异常

异常举动是疾病的前兆

发热

体温高于正常范围，称为发热。发热的原因很多，可以考虑以下疾病：感冒、消化道疾病、心脏病、肾脏病、食物中毒、误食药物引起的中毒、外伤、中暑等。

你知道吗？

发热的6种信号：舌的颜色比平时红；尿量减少；粪便颜色深；呼吸快；没精神；喜欢趴在凉爽的地方。

你知道吗？

鼻涕种类与疾病

1．无色透明稀鼻涕（浆液性），可能是鼻炎、鼻腔狭窄症、感冒。

2．脓色、稍黏（脓性），可能是狗窝瘟、犬瘟热、肺炎、支气管炎、鼻炎引起的。

3．无色透明发黏（黏液性），可能是鼻肿瘤、肺炎、狗窝瘟、支气管炎引起的。

4．脓和黏液混合（黏液脓性），可能是副鼻窦炎引起的。

流鼻涕

鼻涕由鼻腔黏膜生成，当鼻腔黏膜出现异常时，就会流出大量的鼻涕。

[检查项目]

*鼻涕量

检查是否不停地流鼻涕，是否鼻塞，同时还要检查鼻涕的量是多是少。

*状态

检查是无色透明的稀鼻涕，无色透明黏鼻涕，还是脓样鼻涕，或是混有黏液的鼻涕。

*频率

是一直在流鼻涕，还是断断续续地流？此外，还应注意到过敏性流鼻涕与季节有关。

*部位

检查是从左右的哪一侧流出的，或是两侧都流鼻涕？

面部异常

有眼屎

当眼泪中混有多种物质时就会发黏，这就是眼屎。眼屎增加、积存，可能源于眼球或周围黏膜有外伤和炎症。最大的可能是结膜炎和角膜炎及眼睫毛异常等疾病。

观察要点：

☆ 眼睑是否红肿
☆ 左右眼有否不同
☆ 眼睛周围有无外伤
☆ 是否流眼泪
☆ 眼珠能否上下左右转动

口水增多

古牧流口水是正常现象，但口水量若突然增多，应予以注意。这时，首先应该检查口腔中是否出现了异常。

可能导致口水增多的7种疾病

☆食道炎 食道发炎，导致吞咽困难，致使与食物一起咽下的唾液滴滴答答地流出。患咽炎时也是如此。

☆牙周病 多由牙垢或牙结石所致。在牙垢或牙结石的刺激下，唾液的分泌量也会增加。

☆感染性疾病 患犬瘟热、钩端螺旋体病等疾病时，病毒侵入大脑导致神经障碍，从而引起口水增多。

☆唾液腺炎症 唾液腺出现炎症时，可出现大量的口水。耳下、颌下和舌下出现肿物时，应怀疑有炎症发生。

☆神经障碍 唾液是在大脑接受外界刺激后分泌出来的。因此，当神经功能出现障碍时，大脑无法调整唾液的分泌，从而分泌出大量的唾液。

☆晕车 晕车时胃酸分泌过剩，为中和过剩的胃酸，身体自然而然地分泌出大量呈碱性的唾液。因此，乘车时唾液增多是晕车的征兆。

☆口腔炎 狗狗常因衔在口中的异物导致口腔受伤，或因接触化学物质或过热的食物而患口腔炎。患口腔炎时，在炎症的刺激下，唾液增多。

呼吸困难

呼吸困难，是临床上最常见的症状。主要表现为呼吸急促、次数增多、胸廓和腹肌起伏运动。严重时，脊背和肛门随着呼吸活动而运动。

[一般有5种情况可引发呼吸困难]

⊙**夏季散步后显得筋疲力尽**→中暑→送医院前先采取应急措施，用凉水降温。

⊙**体温39.5℃以上**→传染病、感染性疾病→马上送医院。

⊙**有贫血症状**→寄生虫感染、脊髓疾病→马上送医院。

⊙**咳嗽声微弱**→肺炎→马上送医院。

咳嗽

咳嗽既是呼吸系统的主要症状，又是其他系统一些疾病的一个常见症状。可以分干咳、湿咳、剧烈咳嗽和细弱咳嗽。

☆**干咳**　反复干咳时，怀疑患丝虫病、心功能不全、先天性心脏病等。

☆**湿咳**　有痰的咳嗽，怀疑患喉炎、支气管炎等呼吸道疾病。

☆**剧烈咳嗽**　怀疑患犬窝咳，也不排除喉炎、支气管炎等上呼吸道感染。

☆**细弱咳嗽**　怀疑患肺炎。如半夜咳嗽则不排除气管萎陷、肺水肿等。

你知道吗？

预防呼吸道疾病，改善环境的5个要点：

1．冷气易在地板驻留，有时只有犬感到冷。注意出风口方向和温度调节。

2．勤清扫，勿让灰尘堆积。这对于预防蚤螨很重要。

3．清扫时，使用吸尘器，开窗换气。

4．不要过于干燥。用干湿温度计检测。

5．勿使爱犬吸到吸尘器的排气。不要让爱犬跟在吸尘器后边走，可把它移至别的房间或狗笼里。

消化系统异常

呕吐

呕吐是一种最常见的症状，在很多疾病中都会出现，常见于犬细小病毒、蛔虫、胰腺炎、胆囊炎、子宫蓄脓、前列腺炎、胃肠道异物、肠梗阻、肠粘连等。

在治疗之前必须查明原发病，消除原发病才是止吐的根本措施。但并非所有的呕吐都需要止吐，如某些中毒性呕吐、机械性呕吐。

你知道吗？

切勿让呕吐物堵住气管！

爱犬呕吐时不要慌张，可做以下处理：

1．横卧或是仰卧时，要把爱犬身体扶起来，使其呈伏势。

2．如果鼻腔被呕吐物堵塞，呼吸就会变粗。这时要提起后腿，将头朝下，上下摇动。情况稳定后送医院。

如果不做及时处理，爱犬会吸入呕吐物，使鼻腔、气管堵塞，造成呼吸困难或窒息。

你知道吗？

幼犬在断奶后至5月龄之前，常有腹泻发生，俗称“翻肠子”。实际上，肠子没有“翻”与“不翻”的现象，而是肠炎。幼犬的肠炎主要有3种：传染性胃肠炎、寄生虫性肠炎、食物性胃肠炎。

传染性胃肠炎是由犬细小病毒引起，详细情况见传染病部分。

寄生虫性肠炎主要以蛔虫感染为主，也有钩虫、鞭虫和球虫感染引起的。

食物性胃肠炎与突然换食或食物久存不洁有关。

区分的方法是去正规医院做粪检。

腹泻

如果只有腹泻症状，并非无精打采，可以暂行观察。让狗狗喝点运动饮料，并停止喂食1～2次。若有水样便，表明情况严重，需马上送动物医院。

如果停止喂食后不再腹泻，精神也有好转，大概无碍。只要喂易消化的食物并要一点一点地喂，逐渐恢复到原状。

持续腹泻并伴有其他症状时，送动物医院。

饮食异常

厌食

古牧厌食时表现为对食物不感兴趣、采食速度减慢和采食量减少。有以下两种情况：

生理性厌食：见于换牙期间、发情期、妊娠反应、临产之前，一般无其他症状，精神、体温、呼吸、大小便都正常。这时可以不必理会，或者仅增加食物的适口性就行了。若源于暴饮暴食、采食过多或采食不易消化的食物，可给予帮助消化的药物。

疾病性厌食：是疾病的初期症状，往往伴发其他症状，如发烧、呕吐、拉稀、咳嗽、腹痛等，见于口腔炎、牙病、胃肠道疾病、犬瘟热、细小病毒性肠炎等传染病的初期。

异食

如果你发现古牧舔食、啃咬无营养价值的非食物物品（如木块、石块、墙土、煤渣、玻璃等），这就要注意了！

1. 见于钙、磷、铜、铁等矿物元素不足，复合维生素B族缺乏以及某些蛋白质和氨基酸缺乏等营养缺乏症（维生素C和维生素K在狗狗体内可以合成，健康时没有补充的必要）。

2. 见于狗狗的吸收障碍综合征、慢性消化不良、糖尿病、狂犬病、蛔虫病等疾病。

绝食

这是比较危险的一个症状，是病重的一个信号。

1. 如果你的古牧是接到家后拒绝采食，你应该关心它、爱抚它，让它慢慢适应新家。

2. 急性绝食，常见于下颌骨折、胃肠道疾病等。

3. 缓慢发生的绝食，见于很多疾病的后期，如犬瘟热、犬细小病毒、心力衰竭、尿毒症等。

排泄系统异常

便秘

便秘的原因很多：

1. 食物性便秘：如长期饲喂动物肝脏，粗纤维含量少，肠蠕动减慢而引起的便秘。

2. 某些疾病引起的便秘：如胸腰椎骨折、肛门腺炎、结肠异物、直肠肿瘤等均可引起便秘。

你知道吗？

什么是健康的粪便？

1. 排便次数与喂食次数相等。
2. 便色为茶色最好。
3. 用纸巾可包起来的硬度。
4. 气味虽臭，但跟往常一样。

预防：易便秘的爱犬要多吃食物纤维。

食物纤维不消化，在肠中吸收水分、膨胀，因而增加了便量。把富含食物纤维的圆白菜、花椰菜、南瓜等煮熟切碎，掺在狗粮中喂食。多饮水、效果更佳。

尿液变化

健康的尿液呈淡黄色。当患某些疾病时会引起尿液的相应变化。

尿中带血：当尿呈红色或褐色时，表明尿中带血。

原因：

1.患有膀胱炎等细菌性炎症。

2.患有肾脏、输尿管以及尿道结石时，结石伤及脏器，也可出现血尿。

3.丝虫病、洋葱中毒也可引起血尿。

尿液混浊：尿路有炎症。

原因：

1.肾脏到尿道段的尿路有炎症，最常见的是膀胱炎。

2.生殖器官异常也可使尿液变混浊。

尿液发亮：

狗狗排尿后，在尿液渗透过的地方，有时可看到一些发亮的东西，表明它可能患有膀胱炎。如果长时间得不到治疗，结晶慢慢变大，有可能形成尿路结石，故应尽早治疗。

尿液变浓或变淡：

原因：

1.患伴有痢疾、呕吐等症状的疾病时，尿的颜色可因水分不足而变深。

2.患有糖尿病、尿崩症时，可因大量吸水而使尿的颜色变浅。

尿闭：尿道堵塞所致。

原因：

1.做出排尿的姿势，却只能排出很少，或滴滴答答地尿出一点，有可能是膀胱炎导致的尿频或是前列腺疾病导致的尿道阻塞所致。

2.患尿路结石时，可因剧痛导致排尿不畅。

3.如果一点尿都尿不出来，有可能是肾功能不全引起的。

幼年古牧的易患疾病

此阶段的狗狗免疫力差，对疾病的抵抗力低下，尤其要提防传染病和寄生虫病的发生。

犬瘟热

该病是由犬瘟热病毒引起的一种高度接触性传染病。该病的潜伏期为3～6天(最长17～21天)，病程长达一个月左右。本病死亡率为30％～80％，当发生继发感染时（常与犬传染性肝炎混合感染）则死亡率更高。

[症状]

根据临床症状和病变特点分四种类型：

卡他型:很常见，打喷嚏，有时咳嗽，结膜苍白，浆液或黏膜性结膜炎，羞明、厌食，有时轻度下痢。随后呈呼吸道型，症状加重。除原有的咽炎外，又发生喉炎，呼吸道黏膜感染，出现支气管炎。鼻分泌物呈脓性、淡黄绿色。病犬呼吸困难，张口喘气。

湿疹型:体温正常或偏高（39.4℃）。在胸、腹部、腿内侧、腋窝等少毛部皮肤上出现脓疱疹。最初是皮肤出现红斑，随后形成淡黄绿色水疱，进而形成脓疱。脓疱破溃遗留下白点。

消化道型（胃肠型）：口角流涎、呕吐，腹泻（水样、果酱样甚至血性，或有泡沫），脱水、消瘦、衰弱，口腔和舌溃疡。

神经型:症状表现有四类:

1. 嘴巴一张一合，或嘴角、头顶部肌肉或某一只腿、两只腿或四只腿节律性抖动。

2. 盲目运动。

3. 癫痫、痉挛性间隙性发作，不自主地连续“咂嘴”，口流白沫或含血液的唾液，大小便失禁，抽搐结束则兴奋不安，盲目奔跑，最后全身无力，卧地休息。

4. 后躯麻痹甚至瘫痪。

[预防]

※ 本病的预防办法是定期进行免疫接种犬瘟热疫苗。

※ 一旦发生犬瘟热，必须迅速将生病的狗狗严格隔离，病舍及环境用火碱、次氯酸钠等彻底消毒。严格禁止病犬和健康犬接触。

你知道吗？

发病率与年龄有关：2月龄以内20%（免疫母犬出生的小犬，可从初乳中得到母源抗体获得被动免疫），2～12月龄70%，2岁以上发病率降低，5～10岁5%。患病后康复犬可获终身免疫。冬春发病为主，每三年流行一次。

犬细小病毒病

犬细小病毒病是由犬细小病毒引起的一种急性传染病，该病的特征是出血性肠炎或非化脓性心肌炎，本病常发生于幼犬。病毒随粪便、尿液、呕吐物及唾液排出体外，污染食物、垫料、食具和周围环境。健康犬主要是因为摄入污染的食物和饮水或与病犬直接接触而经消化道感染。

[症状]

临床表现分肠炎型和心肌炎型。

1. 肠炎型 又称出血性肠炎型，潜伏期7～14天，发病率为20％～100％，死亡率为10％～50％。主要表现为呕吐、拉稀、拉血、白细胞显著减少。在病程的早、中、晚期表现各不相同。

早期：多数狗狗体温升高达40～41℃（少数体温正常），精神不振，不愿活动，钻黑角，迎送主人不积极，食欲减退，采食速度减慢，采食量减少或绝食，呕吐食物及黄白色泡沫状液体，大便正常或者不排大便，排便次数增多或稍带黏液。2～3天后出现中期症状。

中期：患犬精神沉郁，食欲废绝，剧烈呕吐，腹泻，多数呈喷射状，排出番茄汁样稀便，带有血液，发出特别难闻的腥臭味，体质迅速衰弱、消瘦，皮肤弹性降低；少数拉黏液便，呈黄色或乳白色果冻样；极少数呈间断性拉稀。一般持续3～4天转为后期症状。

后期：病犬迅速脱水，眼窝下陷，皮肤弹性降低，肛门松弛，大便失禁，便血或黏液血便，恶臭，倒卧昏迷，体温下降，常在37℃以下，深呼吸，最后因水、电解质平衡失调，并发酸中毒而于数小时至两天内死亡。

2.心肌炎型 此型多见于4～6周龄的幼犬，临床症状未出现就突然死亡，或者是出现严重的呼吸困难之后死亡。病程稍长的病例，发病初期精神尚好，或仅有轻度腹泻、常突然病情加重，可视黏膜苍白，病犬迅速衰竭，呼吸极度困难，心区听诊有明显的心内杂音，常因急性心力衰竭而突然死亡，死亡率为60％～100％。

[预防]

预防本病的根本措施是免疫接种，进口苗、国产苗的品种很多，一定要到正规医院、按要求连续注射质量好的疫苗。平时，特别是犬细小病毒病流行季节，对笼舍、环境消毒也至关重要。

你知道吗？

不同年龄、性别、品种的犬（主要是幼犬，特别是断奶前后的幼犬最易感）均可感染，城市犬易感。无明显季节性，一年四季均可发生。体形越小、品种越纯、年龄越小，死亡率越高。

钩虫病

[病因]

钩虫寄生在小肠内所致。舔食犬粪便，吸吮已感染钩虫病母犬的乳汁，钩虫直接进入皮肤感染。重症可致死亡。

[症状]

最急性型：经胎盘、乳汁感染的幼犬症状最重。从出生后一周左右不吃奶、无精神、腹泻，有黏血便，持续衰弱。贫血逐渐严重，几乎不到一个月即死亡。

急性型：多见于幼犬大量寄生钩虫的病例。出现食欲不振、消瘦、柏油状黏血便和出血性腹泻。贫血严重，眼、口黏膜发白。此外，因腹痛而蜷着背，保护腹部。

[治疗]

症状轻者，马上请兽医开驱虫药。仅靠一次是不能驱除干净的，要再次检查，直至根除。

[预防]

为了防止感染或重复感染，要保持犬居住环境的清洁，及时清理粪便，散步时，不要接近其他犬的粪便或被粪便污染的地方。另外，交配前最好先去动物医院检查粪便，驱虫。

蛔虫病

[病因]

蛔虫寄生在小肠内，可引发腹胀、腹泻、肠梗阻和痉挛等。

[症状]

食欲不振，吃东西又吐出来，腹痛，有黏稀便，发育不良、消瘦等。

[治疗]

不要任意给狗狗喂食市场上买来的驱虫药，要经兽医检查后开处方药，遵医嘱持续用药，直到根除体内寄生虫。

[预防]

为防止经口感染，应及时清除粪便，并防止让爱犬接触其他犬的粪便。蛔虫卵不耐高温和干燥，因而饲养环境要求日照和通风良好。

体外寄生虫

寄生虫	感染的部位和症状	预防和治疗
跳蚤	炎热刺激其在皮肤上产卵，卵会在自然界孵化。成虫则需要依赖狗狗作为寄居体。它的咬伤能导致严重的过敏	定期检查狗狗身上是否有跳蚤污物。用质量好的灭跳蚤药物清理所有的宠物和室内的软家具饰品
虱子	一生都会寄居在狗狗的毛发中。严重情况下导致贫血	多数灭跳蚤药物都能杀死虱子
蜱	依附于狗狗的表皮上。吸饱血之后会脱落下来。可导致局部性的感染发炎。它的体液还能传播其他疾病	每天检查狗狗的表皮，并用灭蜱的洗液、喷剂或者局部性的药物治疗。要杀死并清除任何的蜱
螨	依附或钻入皮肤。一些螨能引起疥癣，一些能导致无痒皮癣和大量脱毛。还有一些螨在秋天的时候感染狗狗的脚部	定期检查狗狗的皮肤、毛皮、耳朵、眼圈、肘和肛门等部位。要请兽医开出专门的除螨药物

体内寄生虫

寄生虫	感染的部位和症状	预防措施
蛔虫	肠道、肺部；发炎、腹泻和疼痛	从出生后14 天开始就要定期地除虫。每年的健康检查要做粪便检查
绦虫	肠道；腹泻、呕吐和体重减轻	采用好的除跳蚤药物来控制；不要喂食生肉和动物内脏；每年的健康检查要检查粪便
钩虫	肠道；发炎、腹泻、便血、体重减轻和贫血	作为一般的常规除虫的一部分。每年的健康检查要检查粪便
心丝虫	心脏、肺部；咳嗽、体重减轻、腹胀和贫血	每天/每月服用药丸。每年的健康检查要检查粪便。在进入受感染地区之前2周就要开始采取预防措施，一直持续到此后90天

成年古牧的易患疾病

皮肤病

自我诊断表

症状	主要感染部位	可能的原因	治疗方法
黑色斑点侵扰或舔吮，局部秃毛、溃烂	臀部、后腿、尾巴根部	跳蚤	各种除虫药剂都能破坏跳蚤的繁殖循环。对密切接触的所有宠物和周边环境都应采取清洁措施
极度痒痛、红色发疹	耳部、肘部、后腿	疥疮或疥癣	传染性极强，要对所有接触的动物和环境采取杀螨的预防措施
摇头晃脑、抓挠，排便呈黑蜡状	耳部	耳螨	有传染性。要用除虫滴液治疗所有接触的动物
毛皮出现疥癣和头皮屑	全身	毛皮螨	有传染性。要采用合适的除虫剂治疗所有与之接触的宠物并处理周边环境
皮肤红肿，持续地吸吮受感染处	全身，尤其是耳、爪和腹股沟无毛处	过敏	注射抗过敏针剂，局部给药及服用各种抗炎药
局部红肿，拼命抓挠，这有可能导致感染	全身所有部位	昆虫叮咬	消炎药
皮肤局部湿臭，痛痒	任何部位，尤其是脸、颈部	湿疹	抗生素或消炎药
蜂巢状的凸起肿块、急性疥癣	身体任何部位	过敏反应	消炎药

角膜炎

原因：

多见于异物、毛等入眼，揉眼时造成外伤性角膜炎。由于古牧的面部毛多且长，故易患此病。

也有因香波刺激或犬打斗引起的角膜炎。当然，也不排除过敏反应或感染致病。

症状：

角膜炎较疼痛，因而狗狗频繁抓挠、揉眼睛。另外，流泪、眼屎会把眼周围弄脏。重症者，角膜表面发白，这是非常严重的状态。继续发展下去，角膜会出现溃疡，甚至角膜撕裂。

治疗：

外伤性角膜炎，用抑制感染或炎症的眼药滴眼。非外伤性角膜炎，必须针对过敏、感染等症状进行治疗。在可能引发此症的其他眼病，以进行针对性治疗。

股关节发育不全

（HD症）

主要症状：

- ☆ 走路时，两后腿一起动，像兔子跳
- ☆ 走路时腰部左右扭摆
- ☆ 起立的动作不够流畅
- ☆ 脚尖朝里走路
- ☆ 喜欢坐着
- ☆ 不愿意上台阶

预防和治疗

脱臼程度轻、症状不明显时，控制运动和体重，可根据需要使用止痛药、抑制关节炎症的药。如果古牧减轻点体重就能给关节减轻很多负担。

这些治疗无效时，要切除连接大腿骨与骨盆的肌肉，这样可以抑制疼痛。

如果继续疼痛，要切除大腿骨骨头，施手术整复关节。

注意：

1. 手术后，从步行训练开始，一点一点慢慢增加步行距离，严禁跑、跳等剧烈运动。
2. 为防止复发，要控制运动、饮食和体重。

肥胖

★成因：

1. 进食过量　情绪不稳、苦闷、无聊、压力，都会导致古牧过量进食。

2. 运动不足　适量的运动会把养分转化为有用的能量，相反不用的能量就会转化为脂肪。

3. 遗传因素　有些狗狗具有先天易肥的倾向。

4. 绝育手术　很多人以为绝育手术直接导致肥胖。实际上，狗狗在绝育之后活动意欲降低，身体不需要太多能量。但如果仍然照绝育前的分量进食，则会致肥。

5. 病患影响　患上甲状腺分泌失调的古牧，体重会失控，垂体腺机能和下丘脑也会出现问题。有以上病症的古牧，会经常饥饿，因而大量进食。

★对策：

带古牧前往动物医院作全面身体检查，如果有病，则应先医治然后再减肥。减肥计划如下：

1. 从食物入手　选购减肥犬粮，并要细阅产品标签，不明白时应向兽医甚至是制造商查询。有时，狗狗并不一定要吃减肥餐，只要你循序渐进，减少它的进食分量，也可以收效。

2. 运动　如果你的古牧活泼健康，而且饮食正常，只不过是轻度超重，你只要带它多做一些运动就可以了。但一定要坚持下去。

3. 奖励　如果你平时习惯以糖果或高热量的食物奖励古牧做某些动作，那你便应改变一下，以其他的方式代替，如替它梳毛、拍拍抱抱、给它新玩具，甚至增加玩耍时间，都是可行的办法。

4. 精神支持和耐性　要古牧回复适当的体重，是绝不能心急的。狗狗在减肥期间，最需要你的支持和鼓励。所以，你得多花一些时间和精神，留意狗狗的进度。只要持之以恒，定能成功。

脱毛

如果发现狗狗脱毛，可能由以下原因引起：

*疥螨病：由疥螨或蠕形螨引起。疥螨主要发生于头部(鼻梁、眼眶、耳廓及其根部)，皮肤表面潮红，有疹状小结，皮下组织增厚，患部皮肤由于经常搔抓、摩擦、啃咬而脱毛。

*虱病：是由于虱寄生引起的瘙痒和皮肤刺激，从而导致搔抓、摩擦和啃咬。患部被毛粗糙、无光泽、易折断和脱落。

*钩虫病：患病犬消瘦，结膜苍白，被毛粗乱无光泽，易折断脱落，背部常出现大小不等的脱毛斑，露出皮肤，皮肤上出现丘疹或痂皮。

*秃毛癣：主要是由犬的小孢子菌和发癣菌属引起的真菌病。该病的病程较长，在皮肤上出现圆形或不规则的秃斑，覆以灰白色鳞屑，以头、颈和四肢较为常见，严重时可以连成一片，波及体表大部分。

*雌激素分泌紊乱：多见于成年未绝育的母犬，表现为雌激素分泌过剩，患犬全身瘙痒，脱毛(一般脱毛呈对称性)，皮肤色素沉着。

*犬黑色棘皮症：病因目前尚不明确，多数认为与狗狗体内的激素分泌紊乱有关，以老弱病犬多发，皮肤症状与雌激素分泌紊乱相似，以对称性脱毛、色素沉着、皮肤增厚为主要症状。同时，皮肤有油脂样渗出，但无瘙痒症状。

*维生素缺乏：维生素B缺乏也会引起脱毛现象，同时还会伴有消瘦、厌食、全身无力、视力减退或丧失等症状。

肿瘤

[症状]

因肿瘤的位置不同症状各异。皮肤癌、乳腺癌等在相应的位置上出现硬块。内脏肿瘤主要表现为呕吐、腹泻、腹部肿胀、血尿、血便等。口腔肿瘤主要表现在口腔有结节肿块，吃食物困难。骨肿瘤表现为腿肿胀，拖着腿。

[对策]

早期发现至关重要。每月一次触摸爱犬全身，检查是否有硬块。观察口腔中是否有疙瘩或溃疡。内脏肿瘤不易发现。

随着狗狗年龄的增长，各个器官功能也随之衰退。如果您觉得爱犬有异常状况应及时去动物医院。

老年古牧的易患疾病

心脏病

老年犬易患的心脏病是二尖瓣闭锁不全、心肌病等。

[症状]

前者主要表现为从夜间到天亮一直干咳；后者主要表现为激烈咳嗽、呼吸困难等。

[预防]

控制盐分高的食物。另外，不要做剧烈运动，并避免兴奋。

慢性肾炎

年老以后，肾脏组织会发生变化，出现炎症，重症则会肾功能衰竭。

症状：

尿中有蛋白质，乏力，食欲不振，消瘦。

对策：

定期查尿，做肾功能检查。

白内障

[症状]

观察眼底，如发现发白混浊，则可怀疑为白内障。白内障在眼睛混浊的同时，伴有以下异常：

☆ 东碰西撞，摇摇晃晃。

☆ 对投过来的球经常接不住。

☆ 对声音格外害怕、警觉，不愿去陌生的地方。

[治疗和预后]

现在还不可能将混浊的晶状体完全治好，但可以通过药物抑制其发展。

另外，当混浊严重、出现视力障碍时，可以通过手术将晶状体摘除。在狗狗的生活方面不会有太大问题，但是，晶状体摘除后，聚焦会出现问题，因而处于视物不清的状态。

主要的人畜共患病

病名	病原体	感染途径	人出现的症状
狂犬病	狂犬病病毒	被患病动物咬伤而感染	头痛，不安，痉挛，死亡
钩端螺旋体病	钩端螺旋体	感染动物尿液中排出的病原体污染水土，接触后被感染	发热，头痛，肌肉疼痛，呕吐，出血，黄疸，肾衰
巴氏杆菌病	巴氏杆菌	被感染动物咬伤，或亲吻等直接接触而感染	局部疼痛，发红，肿胀
布氏杆菌病	布氏杆菌	接触了流产胎儿等污物	恶寒，发热，头痛，肌肉疼痛
莱姆病	伯氏疏螺旋体	被携带有病原体的革蜱等叮咬而感染	轮廓清晰的红斑，关节炎
犬蛔虫病	犬蛔虫	误食了感染虫卵	发热，肌肉疼痛，幼儿还会出现视力障碍
粪线虫病	粪线虫	经皮肤感染了污染土壤中的第三期幼虫	腹泻，黏性血便
犬心丝虫病	犬恶丝虫	被吸过感染动物血的蚊子叮咬后感染	咳嗽，发热，胸痛
豆状带绦虫症	豆状带绦虫	误食了携带有感染性幼虫的蚤类而感染	一般无症状，在婴儿可见消化障碍
疥癣	疥螨	和感染动物直接接触而感染	皮肤发痒，丘疹
跳蚤叮咬	跳蚤	接触了污染环境中的成虫	强烈痒感，皮肤发红
皮肤真菌病	小孢子菌	和感染动物的直接接触	头部、手足皮肤形成圆形红斑、小水疱

古牧意外事故处理方法

古牧专用的急救箱

当古牧发生交通事故、烫伤及中暑时，必须马上治疗。要想紧急时刻从容不慌，平时就要备好急救箱。如果具备一些必要的护理知识，我想狗狗一定会恢复得更快。

急救箱应配备的物品

·消毒杀菌剂：一般用酒精对温度计和镊子消毒。如出现外伤，应用刺激性较弱的碘酒消毒。

·耳药：清洁耳部，可用硼酸软膏。

·犬用营养剂：如矿物营养剂、维生素E、复方维生素剂等。

·体温表：应置备犬用体温计，如有兽医用的则更好。

·剪子：以前端圆滑的为最好。

·指甲刀：最好是狗专用的。

·纱布：受伤时包扎伤口。此外，可用手指缠上纱布给狗狗刷牙。

·棉棒：蘸着药膏清洁耳部。此外，还有多种用途。

·带子：套紧嘴巴时使用。

·绷带。

·创可贴。

·毛巾、浴巾等。

应根据狗狗的体质状况和兽医商量后按处方购买常备药品，请勿自作主张从药店购买。

骨折

发生骨折时，骨折部位变形，骨折处出现肿胀，伴有疼痛，不愿被人触摸。四肢发生骨折时，病犬抬着病腿行走。具体处理方法如下：

1. 扶住狗狗，用纱布包裹。如发生骨外露、出血时，用纱布（无纱布时可用毛巾等）将伤口压住止血。

2. 垫上夹板。通过固定，使骨折部位保持不动。可在骨折部位缠上纱布后垫上夹板。

3. 固定夹板。将夹板用绷带或胶布固定，然后送往医院。注意，这时不要捆得过紧。

你知道吗？

应急处理仅限于腿下部及尾部的骨折。怀疑其他部位骨折时不要进行家庭处理，应送动物医院。如发生骨折并伴有剧痛，来不及做家庭处理时，应只做止血处理，然后送动物医院。

大出血

大出血对狗狗是极其危险的。不幸发生应做以下处理：

1. 确认伤口的位置。古牧犬的皮肤由被毛覆盖着，需要扒开毛进行观察。

2. 发现伤口后，应先擦干净血，并将伤口周围的毛剪掉。

3. 止血。可用纱布按压伤口片刻进行止血。如仍止不住血，可用绷带将纱布缠紧。

按照出血部位的不同，可以分为三种情况：

* 身体部位出血　首先，查看何处出血和伤口状况如何；然后，用纱布按压伤口。

* 耳朵出血　用纱布夹住耳朵，按压止血。耳部出血量通常较多，应冷静地进行处理。

* 脚趾甲出血　脚趾甲或脚垫出血时，可用绷带紧紧地包扎。

你知道吗？
爱犬倒地时应注意哪些方面

1.是否有意识　确认呼唤时是否有反应，是否睁着眼，是否想移动身体等。

2.是否有脉搏　将手放在狗狗的后腿根部，看一下有没有脉搏。

3.是否有呼吸　将手放到狗狗的鼻子前边，看一下有没有呼吸。

4.是否有出血现象。

5.是否有骨折现象。

如果出现不正常现象，就可以照介绍的方法进行急救。

窒息

当看到狗狗使劲伸脖子，不停地用前爪抓嘴和脖子时，就可能是梗塞了，这时可以轻拍它的背帮助它吐出来。如果无效，就只能抱到医院请医生帮助了。

中暑

古牧在炎热季节一定要注意防暑。夏季散步时避开炎热的天气，应选择在日出前或日落后。呆在室内时，必须为其准备足够的水，不要关严窗户。如能敞开两个窗户，保持通风，室内会凉爽许多。如遇狗狗中暑，应采取以下办法：

1. 先解开项圈、胸带等狗狗身上的物品。

2. 迅速远离高温环境，移至阴凉处吹电扇或冷气降温。如果狗狗神智清醒，可以给予适量饮水，但不要强灌。

3. 如上述步骤无效，可用冷水泼洒在狗狗身上或是将狗狗浸泡在水中，用手支撑其头部，保持颈部以上高出水面，以免呛水。同时，轻轻按摩它的全身，帮助达到降温的效果，体温约降到39℃即可停止。

4. 狗狗体温降低后，须迅速用大毛巾将其全身擦干，以免体温下降过快。不要使用吹风机，以免热风造成体温再度升高，或是冷风导致感冒。

5. 急救处理完毕后，迅速将狗狗送医院，继续处理观察。

休克

无论是什么原因造成的休克，我们都要进行必要的抢救再去医院。

休克时血压降低，心跳及呼吸快速而微弱，皮肤苍白与湿冷。休克的狗需要安静保温，可将狗放在以浴巾包住的热垫上。

1．检查呼吸：若呼吸微弱、不规则或停止，请即：

a．解开项圈。

b．挖开口腔。

c．排除口腔内之唾液、血液、呕吐物或任何异物。

d．适当抬起狗头，保持呼吸道的通畅。主人将狗的嘴合起来，从鼻孔吹气，并按摩它的胸腔。如果狗渐渐恢复呼吸，立即送医；如没有反应，检查脉搏。

2．检查脉搏：

若无法测到脉搏，可在左侧胸部靠近肘部后方直接检测心跳。若无心跳，则做“心脏按摩”。方法：在左侧胸部靠近肘部后方用力挤压心脏，每秒一次（心脏停止跳动超过5分钟以上会造成脑部无法复原的伤害）。心跳恢复后，做人工呼吸。

3．人工呼吸：

a．清除呼吸道任何液体或异物，打开口腔，拉出舌头。

b．将双手放在胸部肋骨区向下压，将肺部空气挤出，马上松开手，使胸部弹回原位，肺脏膨胀，将空气吸入。

c．重复上述动作，每5秒钟一次。

在做心脏复苏术时，应有他人及时联系兽医到家中医治，或把心脏复苏的过程放在去医院的途中进行，主人一定要为爱犬争取时间！

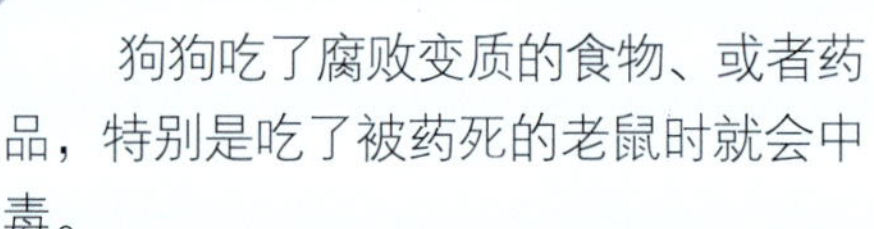

中毒

狗狗吃了腐败变质的食物、或者药品，特别是吃了被药死的老鼠时就会中毒。

判断狗狗中毒的几条凭据：

1. 行为异常：出现颤抖，身体倾斜无法保持平衡，精神焦虑不安，不停地流涎，癫痫发作，甚至失去意识。

2. 流血：灭鼠的各种药物会使动物的血液凝固功能受到抑制。因此，误食了鼠药的狗狗在眼、耳、鼻、口会不停地流血。

3. 呼吸困难、喘不过气或开口呼吸等症状。

发现狗狗有中毒症状的时候最好看一看家里少了什么，狗狗周围有什么可疑物品没有，这样可以初步知道中毒的原因，带着狗狗去医院时好告诉医生，做到对症下药。

你知道吗？

狗狗食入很多有腐蚀性的物品不应催吐，催吐更加危险，这些物品有：苛性钠、洗碗用清洗剂、煤油、碱、油漆稀料、家具地板皮革上光剂、木头防腐剂、漂白粉、水管清洗剂、浓缩洗粉液、烤箱清洗剂、汽油、洁厕剂等。

一般的毒药和中毒症状

物质	中毒症状	急救措施
腐蚀性液体：如汽车电池内的酸性溶液、油漆清除剂、烤箱清洁剂等	皮肤红肿、呕吐、腹泻	不可以诱使它呕吐，应当清洗它的皮肤和毛皮。立即联络兽医
误食鼻涕虫和蜗牛。狗狗喜欢这种味道	发抖、痉挛、昏迷，可以致命	诱使它呕吐，立即联络兽医
老鼠中毒：狗狗吃了中毒的老鼠	牙龈出血、皮肤淤伤，可致命	诱使它呕吐，立即联络兽医
防冻剂：可能是从汽车上渗漏出的。狗狗喜欢这种味道	痉挛、呕吐、晕厥、昏迷	诱使它呕吐，立即联络兽医
镇定剂和兴奋剂：可能是狗狗主人散落的小药包	浑身无力、走路蹒跚、昏迷	诱使它呕吐，立即联络兽医
铅：可能从旧的油漆、铅制鱼标和废弃的电池中摄入	呕吐和腹泻，并伴有昏厥和瘫痪	诱使它呕吐，立即联络兽医

烧伤和烫伤

烧伤和烫伤十分危险，你必须做出快速反应，限制皮肤损伤的程度。

煮沸的水或油

1. 在烧伤的皮肤表面一次性地喷上一些水使它冷却，不要给它涂软膏。

2. 用湿布或者冰袋冷却受伤的皮肤，并立即带它去看医生。

化学物质灼伤

1. 给它带上口罩，防止它舔入任何的污染物。

2. 用水轻轻地冲洗掉所有的残留化学物，并立即找兽医。

触电

家中有很多家用电器的电线，狗狗在啃咬这些电线时有触电的危险。尤其是好奇心强的古牧，什么都想咬一咬。这绝对是主人应多加注意的。

如发现狗狗触电倒在电线附近，不要马上去抱它。也不要接触其因失禁而排出的尿液，否则，人也有可能触电。应首先将电源插头拔下。

狗狗触电后，即使看起来症状较轻，仍有可能出现烧伤，故应确认口腔内是否有烧伤。当出现烧伤、丧失意志或呼吸停止时，应马上送往医院。

你知道吗？

为预防此类意外的发生，平时你就应该采取相应的预防措施，如：

1.将电线套上套。2.将其放到狗狗够不到的地方。3.不用的插座可以加上盖。

抽筋

当狗狗发生抽筋的现象时，主人千万先别慌张，自己要先冷静下来，才能帮助狗狗度过紧急时刻。

表现：不停抽搐，身体僵硬，嘴巴时开时闭，舌头往外掉。

处理方法：狗狗出现抽搐或痉挛的现象时，先别碰触狗狗的身体，并且在第一时间里赶紧将它身旁的物品移开，以免狗狗在抽筋的过程中，误撞到其他东西。

此时，一面确认狗狗的呼吸是否正常，一面等待狗狗平静下来；当它恢复平静之后，赶快把狗狗的项圈拿下来，并且赶紧送往动物医院，并详细向兽医描述狗狗当时抽搐的过程和现象。

晕车

晕车不能算病，所造成的后果也并不严重。

当狗狗坐车时呕吐就可能是晕车了，让它安静下来，休息一会儿就会适应。有的狗狗晕过几回车后就再也不会晕车了。如果你的古牧也有晕车习惯，可在出行前不要让它进食和饮水，并服治晕车的药。

昆虫叮咬

对于昆虫叮咬的过敏反应，主要表现为荨麻疹。狗狗可能会有呼吸困难，应当立即联络兽医。

黄蜂叮咬它的毒液是碱性的，因此应当采用弱酸，来冲洗伤口，如食醋。

蜜蜂叮咬尽量用镊子除掉蜂针，它看上去就像黑色的短发。蜂毒是酸性的，可用肥皂水冲洗。

古牧病后恢复期的护理

怎样看护生病的古牧

古牧和我们一样，会发生很多复杂的疾病。想要治好，总要经过由经验丰富的兽医诊断再治疗的程序。您的关爱和冷落，您的执着和泄气，一丝一毫都会传达给正在与病魔苦苦斗争的它。来自它最信赖的主人的精神力量，具有难以想象的鼓舞作用。

你对看护应有的态度：

1. 多请教兽医有关的看护方法。

狗狗患病时，除了给予药物外，还要使其保持安静、休养病体。你一定要细心遵循，方能有治疗效果。例如，狗狗下痢排便之后，一定要以纱布蘸温水擦拭肛门，使它不致发痒而引起湿疹。

2. 须具备对疾病的有关知识。

无论染患何病，当病况严重时，谁都会感到不安与焦急。遵守医生指示，予以妥善照顾，同时，具备正确的知识是很重要的。

3. 每天坚持服药就医，绝对不可以半途而废。

狗狗患病时，你往往在病情严重时会带它天天就医，一旦稍有起色就不去医院。或重病及慢性疾病，一次难见治疗效果就不去治疗，这样很危险。若病情因此恶化，复发时就来不及了。

对各种特定病症的看护

1. 呕吐时:

古牧若在呕吐前后并无异常现象，尤其在呕吐后狗狗又去吃呕吐物时，则不要紧。若一天内呕吐数次，呕吐后想喝水，但喝下的水又吐出，如此反复，这就很严重。注意只要给能够润湿口腔的水量就可以，有很多主人不明情况而尽量给水，反会使症状恶化。

2. 下痢时:

如果下痢不很严重，食欲不振时，尽量给它所喜欢的食物，绝对不可给不易消化的食物。若一天下痢的次数很多，最好整天不给食物，病情才易减轻。绝食后将流质食物，如稀饭、汤等少量分数次喂食，然后，再逐渐从粥过渡到泡软的狗粮，再过渡到普通食物。

3. 食欲不振时:

食欲不振是因病引起，疾病未痊愈自然不会有食欲。但若狗狗不呕吐、恶心，就可用橡皮管强行灌入少量流质食物，或是用手将肉丸塞入它口中，有时这种方法会使狗产生食欲。

4. 流鼻水、有眼屎时:

有的疾病会有鼻水，尤其是感冒时，此时用脱脂棉或棉棒擦拭。擦拭干净后，为避免鼻头干燥龟裂，可涂抹橄榄油。有眼屎时，可以用2％的硼酸水以棉花蘸取擦拭，然后再点上无刺激性的眼药水。

5. 高烧时:

发烧由生病引起，是身体与疾病抵抗的表现。如果应该发烧的疾病，相反体温却很低时，就表示病情严重，高烧若持续过久会使体力衰弱，一定要有

降低体温的措施。

发高烧时会使脉搏加速，呼吸频率增加以至呼吸困难，这些都应特别注意。发烧时，最重要的是保持安静，有时体温上升会感到寒冷而发抖(尤其是冬季)，这就要将被褥铺厚，并准备热水袋和暖气器具。同时，不使风自犬舍间隙吹入。

6．咳嗽时：

咳嗽是从气管把分泌物或异物排出的一种防御反应，无痰者为干咳，有痰者称为湿咳。咳嗽多半在进食、运动或吠叫时发生，患有各种呼吸系统疾病及心脏病时容易咳嗽。咳嗽过分激烈时，会将痰与胃内食物吐出，对咳嗽的照顾是使狗狗安静，不再运动。

7．皮肤病：

狗狗容易感染细菌而患皮肤病，尤其在夏天。另外，它的搔抓会使病情恶化，同时，使用的外用药会被狗狗舔进去而引起中毒。所以，要注意制止狗狗舔药。此时，可用薄皮或厚纸做成圆形的颈环，套在它的颈部，可防止狗狗在皮肤病发痒时去咬患部。此外，外用药还要用手抹匀，让患部充分吸收。但有些主人在患部涂上厚厚的软膏，这是不对的。

8．绝育手术后：

母犬

母犬绝育手术后，每日检查体温一次，查体温一周，一般术后体温稍升高。加强饲养管理，经5～7天拆除缝线。

公犬

公犬绝育手术后，主要的护理工作是注意防止出血。

手术后最初几小时内，应适当限制公犬的活动，避免大量饮水和采食。术后24小时后可开始适当活动。一旦发生出血，应立即采取止血措施。注意卫生，避免术后创口感染。

9．驱虫后：

狗狗驱虫后的护理主要是加强营养，注意饲喂一些富含蛋白质的食物，配合维生素B族，维生素A、维生素K等，促进患犬体质恢复。注意饮食清洁卫生，饲喂食品要煮熟，不要喂生食。注意环境卫生，食具的清洁，及时清除粪便。

图书在版编目（CIP）数据

英国古代牧羊犬 / 林莉等编著. —北京：中国农业出版社，2006.8
（爱犬系列丛书）
ISBN 7－109－11131－8

Ⅰ.英... Ⅱ.林... Ⅲ.犬－驯养 Ⅳ.S829.2

中国版本图书馆CIP数据核字（2006）第098493号

编　　著：林莉 孙鸥 祁凤娟 朱小娟 许勇茜
策　　划：宏昊
摄　　影：小白（QQ摄影工作室） 支媛
美术总监：老周
平面设计：师晓蕾

中国农业出版社出版
（北京市朝阳区农展馆北路2号）
（邮政编码100026）
出版人：傅玉祥
责任编辑　刘炜 刘博浩

北京印刷集团有限责任公司印刷二厂印刷　新华书店北京发行所发行
2006年9月第1版　2006年9月北京第1次印刷

开本：880mm×1230mm　1/32　印张：4
字数：80千字　印数：1~14 000册
定价：26.00元